마미핸즈의
베이킹 레시피

상상출판

빵과 과자를 굽기 전에

① 밀가루의 종류와 재배 조건, 제분한 계절, 밀의 건조 정도에 따라 같은 브랜드의 밀이라
해도 수분량의 차이가 있다. 이 책에서 소개한 수분율은 절대적이지 않으니 상황에 따라
수분을 가감한다.

② 우리밀과 일반 수입밀의 수분량은 비슷한 편이므로 우리밀을 수입밀로 대체할 수 있다.

③ 요거트를 넣는 빵이나 과자는 동일한 양의 요거트를 넣는다 해도 농도에 따라 반죽의
상태가 달라지므로 수분을 가감한다.

—

우리밀은 우리밀명품화사업단(061-781-3034, www.lovemill.com),
또는 아름다운가게의 쇼핑몰(http://beautifulmarket.org/shop)이나 분당이매점(031-707-1024),
미아점(02-982-0004), 안국점(02-736-0660)에서 구입 할 수 있다.

엄마의 마음으로
우리밀 빵과 과자를 구워요

어린 시절부터 요리하는 것을 정말 좋아했어요. 겨울방학이면 따끈한 아랫목에 엎드려 할머니의 요리책 전집을 보는 일이 무엇보다 즐거웠어요. 요리책을 보다가 만들어 보고 싶은 것이 있으면 같이 만들자며 할머니를 조르기도 했어요. 그렇게 해서 만들어 본 저의 첫 베이킹은 카스텔라였답니다. 할머니는 달걀노른자를 휘핑하시고 저는 달걀흰자 머랭을 올렸어요.

"이렇게 그릇을 거꾸로 들어도 흰자가 붙어서 떨어지지 않을 때까지 저어야 한다"라는 할머니 말씀에 손거품기로 흰자를 마구 저었지요. 팔이 아픈 것도 참고 조금 있으면 만들어질 맛있는 카스텔라를 상상하며 열심히 머랭을 올렸어요. 그리고 드디어 카스텔라를 구웠답니다. 할머니와 손녀가 만든 카스텔라가 어떻게 나왔을지 궁금하시죠? 사실 저 어릴 때엔 저희 집에 오븐이 없었어요. 파티쿡커라는 전기팬에 기름칠을 하고 반죽을 부어 구웠으니 상상 속의 카스텔라는 아니었어요. 달걀떡 같은 카스텔라가 만들어졌지요. 그래도 얼마나 맛있었는지 몰라요. 지금 제가 굽는 카스텔라와는 비교도 할 수 없는 비주얼이지만 지금도 그 맛이 그리워요. 하늘나라에 계신 할머니도 그립고요.

제가 빵과 과자를 본격적으로 만들게 된 계기는 아토피와 비염이 심한 아이들 때문이었어요. 아토피와 비염이 심한데 편식까지 심한 아이들이 밥보다 빵을 먹고 싶어 했어요. 밥을 먹이는 것보다 약을 먹이는 것이 더 쉬웠을 정도로 편식이 심했던 큰아이가 가장 좋아했던 빵은 단팥빵이었어요. 제가 베이킹을 하기 시작했던 17년 전에는 유기농, 식품첨가물, 트랜스지방과 같은 것들은 그다지 문제가 되지 않을 것이라 생각했던 시절이라 밥 대신 단팥빵이라도 먹여 알러지 약을 먹여야 했기에 집 근처 제과점에 미리 예약까지 해서 사다 먹이곤 했었어요. 그러다가 놀라운 것을 알게 되었죠. 시중에서 판매되는 단팥앙금을 볶아 팥가루를 만들어 구름떡을 만들어 보려고 했는데, 앙금을 볶는 내내 구토가 나고 어지러운 증상이 나타났어요. 수분이 점점 증발될수록 느껴지는 화학약품 냄새 때문이었지요. 나중엔 눈이 시어서 제대로 눈을 뜰 수 없을 정도였어요. 그래서 더운 여름날에 한 시간 이상 불 앞에 서서 볶았던 팥가루를 모두 버렸답니다. 정확한 성분은 몰라도 사람이 먹어선 안 될 거라는 생각 때문에 떡에 넣을 수가 없었지요.

남은 팥앙금을 버리려고 베란다 한쪽에 방치해 두었는데 이틀, 삼 일이 지나도 전혀 상하는 것처럼 보이지 않았어요. 얼마나 오랫동안 두어도 변질되지 않는지 궁금해서 두고 보았는데 2주가 지났는데도 곰팡이 하나 없이 말짱한 팥앙금을 보고 배신감까지 들더라고요. 그동안 초코빵이라고 하면서 단팥빵을 많이 사 먹었는데…. 아이한테 너무 미안했어요.

그래서 식품첨가물도 트랜스지방도 수입밀도 아닌 재료로 순수한 빵을 만들어 아이들에게 먹이고 싶어서 빵을 배우기 시작했어요. 학원에서도 어쩔 수 없이 시판되는 팥앙금, 마가린을 넣어 빵 만들기를 가르쳐 주었는데, 집에 돌아와서 우리밀과 100% 우유 버터를 넣고 연습하고 팥앙금도 여러 번 실패를 하면서 빵집보다 더 맛있는 엄마표 팥앙금을 만들 수 있었어요.

얼마나 재미가 있었는지, 하루건너 한 번씩 학원에 갔기 때문에 학원에 안가는 날 아침이면 아이를 어린이집에 보내고 아이가 좋아하는 무첨가물 소시지를 넣은 소시지빵이나 단팥빵 등을 만들었지요. 아이가 돌아오면 "짜잔~" 하고 엄마가 만든 빵을 먹이고 집안일을 하며 아이를 돌보다 되도록이면 일찍 재우고 또 밤 9시부터 빵 반죽을 시작해서 아이들 먹일 간식을 만들어 놓고 다음 날 다시 학원으로…. 그러면서 아이들은 몰라보게 아토피와 비염이 좋아졌어요. 그 재미에 힘든지도 모르고 정말로 즐겁게 빵과 과자를 구웠지요.

집 근처 아파트 상가에서 우리밀과 믿을 수 있는 식재료로 빵과 과자를 굽는 법을 알리는 쿠킹 클래스를 열고 있어요. 수강생들이 "이 빵은 어디서 배우셨어요?"라고 물으면 저는 "독학했어요"라고 얘기하지요. 제가 빵을 배울 때 우리밀 빵을 가르쳐 주는 곳도 없고 첨가물 없이 부재료를 만들 수 방법을 알려주는 학원도 없었으니까요.

우리밀로 만든 쿠키집을 오픈했을 때 "우리밀로 만들었다고 하면 사람들이 맛이 없다고 생각하는데 왜 굳이 우리밀로 만들려고 하느냐?"라며 안타까워하는 지인이 있었어요. 사실 몇 가지 비법만 알면 우리밀로 만든 쿠키와 빵을 정말 맛있게 만들 수 있거든요. 우리밀에 대한 오해가 많았던 것이죠.

그런 오해가 있어도 전 우리밀을 포기할 수 없어요. 왜냐하면, 제 아이들 때문이기도 하고 제

아이들처럼 고생하는 아이들이 우리밀을 접하고 정말로 많이 좋아졌다는 애기를 종종 듣기 때문이지요.

우리밀빵이라고 하면 뻑뻑하고 별맛이 느껴지지 않는 그런 빵을 상상하는데, 전 맛없는 우리밀 빵은

싫어요.

기본적으로 유정란뿐만 아니라 유기농 황설탕, 100% 우유 버터, 100% 우유 생크림을 넣어 빵을

만들어요. 빵 속의 보습력을 좋게하는 발효종도 넣고요. 아이가 아토피인데 요리에는 취미가 없어서

배우기에는 부담스럽다며 판매는 안 하냐고 물어보는 어머니들도 있는데요. 그럼 저는 제빵기를

구입해서 식빵만이라도 만들어 보라고 권해요. 우리밀 식빵만이라도 직접 만들어 먹으면 건강뿐만이

아니라 금방 제빵기 본전을 뽑고도 남는다고 말씀 드리지요. 처음에는 어렵지만 익숙해지면 주방

한편에서는 식사 준비를 하고 다른 한쪽에서는 식빵 만들기를 동시에 하는 것도 쉽게 느껴지거든요.

이 책은 베이킹 초보자들도 혼자 베이킹을 해볼 수 있을 만큼 상세한 과정과 설명을 담았어요.

과정 중간 중간에 소개한 맛있는 우리밀 빵을 만들기 위한 팁 등은 아주 중요한 비법이니 꼭

숙지하세요. 더 건강하고 맛있는 우리밀 빵과 과자를 맛보고 싶은 분들에게 좋은 우리밀 베이킹

지침서가 되길 바랍니다.

마미핸즈 김지연

Contents

Chapter 1.
우리밀 발효빵

우리밀 건강 과자

Home-made Baking Note

우리땅에서 자란 우리밀과 채소, 유기농 설탕 등으로
빵과 과자를 집에서 만드려는 당신,
식구들에게 조금 더 건강한 빵과 과자를 만들어 주려는 당신을 위해
마미핸즈의 베이킹 노트를 공개합니다.
건강하고 맛있는 빵과 과자가 당신을 찾아갑니다.

홈메이드 발효빵과
건강 과자의 기본 도구

홈메이드 베이킹의 기본은 재료를 계량하는 것으로 시작됩니다.
적은 양을 반죽하는 베이킹일수록 계량이 정확해야 실패가 적습니다.
계량컵과 계량스푼의 어림 계량은 피해야 하며 전자저울 계량을 추천합니다.
이 밖에 빵과 과자를 만드는 데 필요한 여러 가지 도구와 빵과 과자 틀도 준비해야 합니다.

식빵틀
일반적인 모양의 식빵틀로 500~550g 정도의 반죽을 넣어 굽는다.

풀먼 식빵틀
뚜껑을 덮고 굽는 사각형 모양의 식빵틀로 뚜껑을 열고 볼륨이 큰 식빵으로 구워도 좋다. 샌드위치 식빵틀, 뺑드미틀이라고도 부른다.

중간 크기의 파운드틀
파운드케이크틀로 기본 식빵틀의 팬닝 양을 2등분해 미니 식빵 2개를 만들 수 있다. 오란다틀이라고도 한다.

작은 크기의 파운드틀
팬닝 양이 적으므로 굽는 시간도 줄여야 한다.

파이틀&타르트틀
파이와 타르트를 굽는 틀로 높이나 크기 등이 조금씩 다르다. 테플론 코팅이 된. 밑판이 분리되는 제품이 편리하다.

구겔호프틀
구겔호프틀은 빵 반죽과 파운드 반죽을 넣고 구우면 색다른 모양이 나 선물용으로 좋다. 틀에 코팅이 되어 있어도 붓으로 버터를 꼼꼼히 바르고 덧밀가루(강력분)를 뿌리고 말끔히 털어낸 다음 팬닝해 구워야

모양이 선명하다. 중심에 구멍이 나 있어 중심까지 잘 구워진다.

둥근 식빵틀
코팅된 틀이지만 굴곡이 많아 붓으로 오일이나 버터를 꼼꼼히 발라 반죽을 팬닝한다. 마루 식빵틀이라고도 한다.

마들렌틀
버터를 꼼꼼히 발라야 모양이 예쁘게 나온다. 주름 사이에 세척이 덜 된 반죽이 묻어 있는 채 보관하면 코팅이 부식되어 녹이 슨다. 온수와 중성세제로 깨끗이 세척해 완전히 건조시켜 보관해야 하는데 오븐의 여열로 건조시키면 좋다.

피낭시에틀
12개가 한 틀로 구성된 것도 있지만 구석구석 꼼꼼한 세척이 어려우니 낱개로 떨어지는 틀로 구입하는 게 좋다.

미니 파이틀
에그타르트 등을 구울 때 적당한 크기다. 파이를 구울 때 필요한 누름돌은 시판되는 것도 좋지만 쌀이나 콩을 이용해도 괜찮다.

컵케이크틀(비중컵)
모양도 예쁘고 크기도 적당해 부담스럽지 않은 크기이다. 이 책에서는 비중을 재는 컵(100cc)을 머핀컵으로 사용했다.

쿠키팬
높이가 낮은 팬으로 중심 부분까지의 열전도가 빠른 것이 장점이다.

테플론 시트
반영구적으로 쓸 수 있는 시트로 오일을 바른 코팅팬 역할을 한다. 매번 코팅팬에 오일 등을 발라 반죽을 팬닝해야 하는 번거로움을 없애준다. 종이포일을 사용해도 좋지만 간혹 질퍽한 발효 반죽을 팬닝해 굽는 경우 종이에 붙어 곤란한 경우도 있으므로 테플론 시트를 사용하는 것이 편리하다. 세척 시 물에 담가 두지 말고 사용 후 바로 세척해야 오래 사용할 수 있다.

사각틀
레시피와 동일한 크기의 틀이 없다면 갖고 있는 팬에 발효 반죽은 틀 높이의 40%, 케이크 반죽은 틀 높이의 80% 정도만 팬닝해 굽는다. 발효 반죽은 발효 팽창이 되어 틀 높이의 40% 정도만 팬닝해야 반죽이 넘치지 않게 구울 수 있다.

1/2빵판
주로 작은 크기의 빵이나 롤케이크를 구울 때 사용한다. 소형 오븐에는 들어가지 않을 수도 있으므로 구입 시 주의한다.

종이포일
사용 후 세척할 필요가 없어 편리하다.

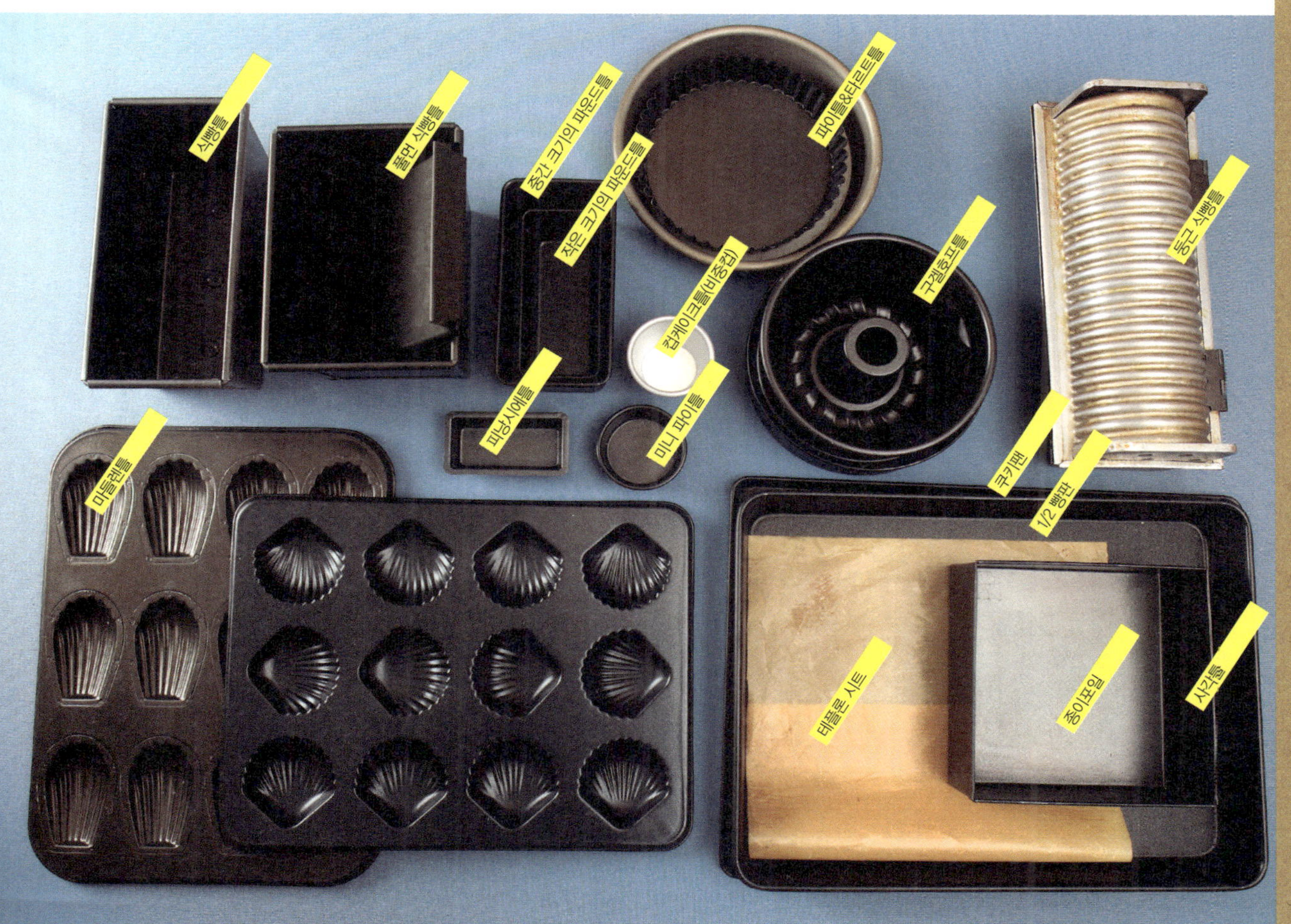

오븐

가스컨벡션 오븐을 사용하는데, 내부 공간이 넓고 도어의 두께가 두껍고 패킹이 견고하여 단열이 잘 되는 오븐을 추천한다. 오븐마다 온도가 제 각각이다. 오븐 온도계를 구입하여 사용하면 좋다. 오븐 온도계는 예열할 때부터 오븐에 넣어 온도를 측정하면 된다.

각종 체
스푼 전자저울
온도계
전자저울
믹싱볼과 양푼
핸드믹서
밀대
자
메틀바
계량스푼
스크래퍼
실리콘 매트
짤주머니
손거품기
나무주걱
스쿱
붓
고무주걱
모양 깍지
도나츠틀
Dong Yang
PASTRY BAG
Specialist
16 inch
EAGLE
Smart Ruler
JW

각종 체

가루류를 체에 내려 공기가 혼입되게 하거
나 여러 가지 가루를 섞고 액체 재료를 거
를 때 사용한다. 망의 굵기별로 대, 중, 소
의 세 가지를 구비하는 것이 좋다.

스푼 전자저울

소금 1.3g이나 인스턴트 드라이이스트
0.7g과 같이 소량의 재료를 계량할 때 매
우 유용하다. 이 책에서는 발효종 계량에
꼭 필요한 도구이다.

온도계

반죽이나 액체 재료의 온도를 잴 때 사용
한다. 반죽의 온도를 잴 때에는 반죽의 중
심에 깊숙이 찔러 넣어 잰다. 우리밀 반죽
은 반죽 온도(27~28℃가 적당)가 높아지
지 않도록 주의한다. 제빵기로 반죽을 할
때에는 특히 주의해야 하는데 제빵기는 믹
싱볼을 열선으로 데워 가며 반죽을 하기
때문에 한겨울이 아니라면 액체 재료를 차
갑게 준비하여 반죽을 해야 하고 믹싱이
진행되는 동안은 제빵기 뚜껑을 열어 두는
것이 좋다. 기온이 높은 여름철에는 제빵
기의 뚜껑을 열어 두는 것보다 작은 아이
스팩 2~3개를 믹싱볼과 본체의 틈 사이에
넣어 뚜껑을 덮고 믹싱한다.

전자저울

베이킹 재료를 계량할 때는 눈금저울보다
는 디지털 전자저울이 편리하다. 1g 단위로
5kg까지 계량되는 제품을 추천하는데, 베
이킹 계량뿐만 아니라 매실이나 오미자 등
의 효소를 만들 때도 유용하다.

믹싱볼과 중탕볼

믹싱볼은 재료를 섞거나 생크림이나 머랭
을 만들 때 꼭 필요한 기본 도구로 열에 강
하고 빨리 식는 스테인리스로 만든 제품
이 사용하기 편리하다. 대(지름 30cm 정
도), 중(지름 27cm 정도), 소(지름 23cm 정
도) 사이즈를 갖고 있는 것이 좋다. 중탕볼
은 중간 크기로 한 개 정도 갖추면 좋다.

핸드믹서

핸드믹서는 브랜드에 따라 최대 소
비 전력에 비례해 가격 차이가 나는데
250~300W 전후의 제품으로 4~5단계 정
도로 속도 조절이 가능하면 어느 제품이든
무난하게 사용할 수 있다.

밀대

빵과 과자의 모양을 잡을 때 꼭 필요한
도구로 작은 크기(30cm 길이)와 큰 크기
(40cm 길이)를 하나씩 갖고 있으면 편리하
다. 배가 튀어나온 재래식 홍두깨 말고 균
일한 굵기의 일자 형태의 밀대를 구입해야
파이나 모양찍기 쿠키 등 일정한 두께의
제품을 만들 때 편리하게 사용할 수 있다.

자

스테인리스 자 2개, 0.5cm 두께의 플라스
틱 자 2개로 파이나 모양찍기 쿠키 등 일
정한 두께의 제품을 만들 때 필요하다. 반
죽을 비닐봉지에 넣고 원하는 두께의 자로
밀대 양 옆을 지지하도록 하여 밀기 작업
을 하면 쉽게 일정한 두께로 만들 수 있다.

메탈바

주로 제누아즈 슬라이스에 사용하지만 스
콘을 만들 때도 사용하면 편리하다. 메탈
바는 무거울수록 사용하기 편리하다.

손거품기

작은 크기, 큰 크기, 아주 작은 크기를 하나
씩 준비하는 것이 좋다. 믹싱할 재료의 양
에 따라 볼 크기를 정하고 볼이 크면 큰 거
품기를, 볼이 작으면 작은 거품기를 사용
한다. 미니 거품기는 1컵 정도의 적은 양을
믹싱할 때 유용하다.

스쿱

반죽 팬닝 시 아주 유용한 스쿱은 대(24
호), 소(30호)의 두 가지를 소장하는 것이
좋다. 스쿱 사이즈는 스쿱에 표시된 번호
가 클수록 한 스쿱씩 양이 작아진다.

계량스푼

소량으로 넣는 재료들의 양을 재는 데 유
용하다. 1/8작은술까지 계량되는 계량스푼
이 편리하다.

나무주걱

내열주걱이 있다면 꼭 필요하지 않으나 슈
처럼 냄비 바닥에 눌어붙는 상태를 확인해
야 할 때는 나무주걱이 좋다.

붓

붓모가 부드럽고 쉽게 빠지지 않는 제품이
좋다. 주로 케이크 시트에 시럽을 바르거

나 팬에 버터 칠을 할 때, 발효빵의 표면에
달걀물을 바를 때 사용하므로 용도에 따라
크기별로 두 개 정도 구비해 사용할 면이
넓으면 넓은 솔, 작으면 작은 솔로 나눠 사
용하는 것이 좋다. 사용한 붓은 중성세제
로 비벼 빨아 컵 속에 넣어 붓모를 눌러 가
며 속의 세제 찌꺼기까지 깨끗이 헹궈 붓
모가 아래로 가도록 매달아 완전히 건조시
켜 다시 사용한다.

고무주걱

볼의 크기에 따라 적당한 크기로 사용하는
데 재료를 섞거나 긁어 모을 때 주로 사용
한다. 끓는 재료를 눌어붙지 않게 섞어야
될 경우 내열주걱을 사용해야 한다.

스크래퍼

반죽을 긁어 모으거나 자르고 충전물 등을
평평하게 펼칠 때 사용한다. 스테인리스나
플라스틱 재질이 있는데, 스테인리스 스크
래퍼는 버터를 자르거나 반죽을 나눌 때
유용하고, 플라스틱 스크래퍼는 유연하여
반죽을 용기에서 분리하거나 긁어낼 때 편
리하므로 두 가지를 모두 준비한다.

실리콘 매트

오븐팬에 깔아 밑색이 나지 않게 하는 용
도로 사용하기도 하고 적당한 작업대가 없
을 경우 작업 매트로 사용하면 좋다.

짤주머니

짤주머니에 반죽을 채워 틀에 팬닝하거나
생크림 등을 넣어 모양짜기를 할 때 사용
한다. 반영구적으로 사용할 수 있는 재질
과 비닐로 된 재질이 있는데 두 가지 모두
구비해 두는 것이 편리하다.

모양 깍지

케이크를 장식하거나 버터링 쿠키 등의 쿠
키 반죽을 모양내어 짤 때 필요한데, 지름
1cm 크기의 원형 깍지와 별 깍지는 기본이
다.

도넛틀

집에 있는 큰 컵과 작은 컵으로 찍어도 도
넛 모양을 만들 수 있지만 도넛틀을 하나
쯤 갖고 있으면 편리하다.

홈메이드 베이킹의 건강한 재료

마미핸즈는 우리땅에서 자란 건강한 밀과 재료, 유기농 설탕 등으로 빵과 과자를 만듭니다. 국내산 오트밀과 옥수수가루 등 구할 수 있는 한 신토불이 재료를 활용하여 우리 입맛에 맞는 빵과 과자를 굽습니다. 마미핸즈가 즐겨 쓰는 건강한 재료를 소개합니다.

우리밀 백밀 강력 1등급
수입산 강력분보다 글루텐이 적고 흡수률이 낮아 노화가 빠르고 부피도 작은 빵이 나온다. 그러나 소화가 잘되고 우리밀 특유의 단맛이 난다.

우리밀 통밀 강력 2등급
백밀보다 약간 거칠지만 빵을 만들어도 충분히 맛이 좋은 신토불이 재료다.

우리밀 백밀 중력분
수입 박력분을 대체해 사용한다.

국내산 오트밀
귀리를 납작하게 눌러 만든 오트밀은 습기를 잘 흡수하므로 눅눅해지고 잡냄새가 나기 쉽다. 그런 경우에는 오븐팬에 얇게 펼쳐 150℃로 예열한 오븐에서 5~10분 정도 살짝 구워 사용한다. 국내산 오트밀은 유통 경로가 짧고 포장 상태가 좋아 더 신선한 편이다.

생보리가루 파운드케이크나 컵케이크를 만들 때 넣거나 강력분에 약간 섞어 발효빵을 만들어도 좋다.

옥수수가루
국내산보다 수입산이 익숙한 맛이 나지만 국내산 옥수수가루로 만들면 좋다. 국내산 옥수수가루는 수입산에 비해 질감이 곱지만 맛이나 풍미가 조금 떨어진다.

 유기농 갈색 황설탕

정백당에 비해 입자의 굵기가 굵으므로 구입 시 입자를 확인하고 구입한다. 특히 굵은 입자를 사용해 제과류를 만들어야 하는 경우에는 분쇄기나 믹서에 곱게 갈아 사용한다.

 아몬드파우더

되도록 생산일이 최근인 신선한 것으로 구입한다. 간혹 냉장 유통되는 경우도 있지만 대부분이 그렇지 못하고 분쇄 가공되는 아몬드파우더의 경우는 산패가 더 빠르기 때문에 반드시 주의하도록 한다. 구입 후에는 반드시 냉동 또는 냉장 보관한다.

 유기농 갈색 크리스털 설탕

사블레 쿠키의 겉면에 붙여 구우면 씹는 느낌이 굉장히 경쾌하다. 없다면 유기농 황설탕으로 대체할 수 있다.

 마스코바도 비정제 설탕

흑설탕 대용으로 사용한다. 본연의 달콤한 향이 인공적인 캐러멜 향료보다 더 감칠맛을 낸다.

 시나몬파우더

계피나무의 껍질을 갈아 만든 시나몬파우더는 시나몬롤이나 쿠키 등에 넣으면 특유의 맛과 향이 난다. 꿀과 섞어 차로 마셔도 좋다.

 얼그레이 티백

얼그레이 마들렌·시폰·케이크·쿠키 등을 간단하게 만들 수 있다. 거친 식감이 느껴질 수 있으므로 고운체에 내려 사용한다.

인스턴트 드라이이스트

이스트는 효모로 발효빵이 팽창할 수 있게 도와 볼륨감을 준다. 재료에 바로 섞어서 사용하면 되는데, 이스트가 설탕, 소금과 직접 닿으면 발효력이 떨어지므로 설탕과 소금이 직접 닿지 않게 주의한다. 이스트의 종류로는 생이스트, 건조 이스트, 인스턴트 드라이이스트가 있다. 생이스트는 수분 함량이 많아 냉장 보관해야 하며 유통기한이 짧으니 가정에서는 생이스트를 동결 건조시켜 수분 함량이 5~6% 정도로 적은 인스턴트 드라이이스트를 사용하면 편리하다. 인스턴트 드라이이스트는 생이스트와 달리 냉동 보관하면 오래 사용할 수 있어 홈베이킹에 적합하다. 인스턴트 드라이이스트는 1/4작은술에 수북이 담으면 1g 정도 된다.

 베이킹파우더

제과류의 팽창제로 사용하는 베이킹파우더는 케이크나 쿠키, 머핀 등의 부피를 부풀릴 때 필요하다. 베이킹파우더를 사용하면 색감이 진해지고 특유의 진한 비누 향을 내므로 적당량을 사용하도록 한다. 베이킹소다도 같은 목적으로 사용한다.

탈지분유

탈지분유는 우유를 건조해 만드는 데 탈지분유가 없을 경우 일반 우유를 넣는다. 단, 우유에는 10% 정도의 분유 고형분이 들어 있으므로 역으로 계산해 대체 양을 계산한다. 예를 들어 탈지분유 5g과 물 60g이 들어가는 레시피를 우유로 대체하고 싶다면 우유 50g과 물 15g으로 조정한다.

생크림

첨가물 없는 유크림 100%의 우유 생크림을 사용해야 맛이 깔끔하다.

플레인 요거트

단맛이 가미된 요거트로 집에서 만들어 사용할 수 있으나 당도의 차이가 있다.

사워크림

생크림을 젖산으로 발효시켜 새콤하면서 깔끔한 맛을 내며 케이크에 넣으면 식감을 부드럽게 한다. 사워크림이 없을 경우에는 생크림 요거트 등으로 대체할 수 있다.

가당 연유

연유 쿠키에 가당 연유를 넣으면 우유의 풍미가 진해진다. 연유가 갑자기 떨어졌을 때에는 우유와 설탕으로 만들 수 있다. 우유를 냄비에 넣고 끓여 1/3로 줄면 그 양의 30% 정도의 설탕을 넣어 농도가 생길 때까지 끓여 식혀서 사용한다.

우유

베이킹에 저지방 우유를 사용할 수는 있지만 건강상의 이유가 아니라면 되도록 일반 우유를 사용해야 맛이 좋다.

크림치즈

브랜드에 따라 맛과 물성이 약간 다르기는 하나 오븐에서 굽는 경우 큰 차이가 느껴지지 않으므로 구입하기 쉬운 제품을 사용한다.

버터

가염 버터보다는 무염 버터를 사용하는 것이 일반적이다. 요즘 버터 가격 폭등으로 마가린과 우유 버터를 섞은 콤파운드 버터가 100% 우유 버터의 자리를 차지하는 경우도 있으므로 구입할 때는 성분 표시에서 유크림 100%인지 확인한다.

몬터레이잭 치즈

몬터레이잭 치즈는 체다 치즈의 일종으로 부드럽고 말랑한 식감으로 주로 피자 토핑용으로 사용한다. 체다 치즈나 체다 슬라이스 치즈로 대체 가능하다.

그라노파다노

파르미자노레자노의 아우쫌되는 치즈로 비교적 가격이 저렴하다. 브로콜리 모닝롤, 포카치아, 치즈 쿠키 등에 이용하는데 없다면 파르메산 치즈가루를 대신 넣어도 된다.

 **럼**
바닐라에센스처럼 유제품이나 유
정란의 비린내를 없애는 역할을
한다. 개봉 후에는 냉장 보관한다.

 **커피 리큐르**
칼루아는 데킬라, 커피, 설탕 등으
로 만든 멕시코산 커피 리큐르로
개봉 후에는 냉장고에 보관한다.

 **식물성 오일**
제과 · 제빵에는 향이 적은 포도씨
오일이나 카놀라유, 해바라기씨유
를 사용한다.

 **옥수수 병조림**
이 책에서는 미국산 옥수수보다
덜 달고 조금 덜 부드럽지만 충분
히 맛이 좋은 국내산 옥수수로 만든 옥수
수 병조림을 사용했다.

블랙 올리브
정제수와 소금에 절인 통조림 블
랙 올리브는 짠맛이 강하므로 짠
맛이 부담스럽다면 물에 담가 두었다 사용
하는 것도 괜찮다.

 **아카시아꿀**
향이 강하지 않아 베이킹에 적합
하다.

 **바닐라에센스**
시판 제품을 사용해도 좋지만 길
이로 반 가른 바닐라빈 15개 정도
를 750㎖의 보드카에 넣어 3개월 이상 숙
성시키면 최고의 바닐라에센스가 된다.

 **메이플 시럽**
단풍나무 수액을 끓여 농축한 것으
로 개봉 후에는 냉장 보관한다. 양
이 많은 제품을 구입하면 유통기한이 중간
쯤 남았을 때 냄비에 끓여 보관하면 좋다.

건포도 끓는 물에 살짝 데쳐 찬물에 주물러 가며 여러 번 헹궈 불순물을 말끔히 제거한 후 체에 걸러 물기를 빼서 레드 와인에 재워 냉장고에 넣어 보관한다.

피칸 고소하면서도 독특한 맛과 향이 매력적인 피칸은 타르트를 만들거나 쿠키 등에 넣는다.

다크 초콜릿 카카오 함량이 높은 버튼형 커버추어 초콜릿을 구입해 두면 템퍼링 용도로 좋고 초코칩 대신 쿠키에 넣어도 맛이 아주 좋다.

아몬드 슬라이스 냉동이나 냉장 보관 시 사용 전에 상온에 잠시 두어 냉기가 없어지면 오븐팬에 펼쳐 담고 예열한 오븐에 노릇해질 때까지 구워 사용하면 풍미와 식감이 좋아진다.

통아몬드 신선한 것을 구입해야 맛이 좋다. 장기간 보관하려면 냉동실에 넣어 두고 사용하기 전에 상온에 잠시 두어 냉기가 없어지면 오븐팬에 펼쳐 담고 예열한 오븐에 노릇해질 때까지 구워 사용한다.

아몬드 분태 장기간 보관하려면 냉동실에 넣어 두고 사용하기 전에 상온에 잠시 두어 냉기가 없어지면 오븐팬에 펼쳐 담고 예열한 오븐에 노릇해질 때까지 구워 사용한다.

호박씨 요즘은 국내산을 구하기 어려워진 호박씨는 냉동이나 냉장 보관해야 한다.

사용하기 전에 상온에 잠시 두어 냉기가 없어지면 오븐팬에 펼쳐 담고 예열한 오븐에 노릇해질 때까지 구워 사용한다.

호두 분태 호두 분태는 그대로 사용해도 되지만 끓는 물에 데쳐 물기를 빼서 예열한 오븐에서 색이 살짝 나도록 굽는다. 물기를 빼는 정도에 따라 굽는 시간에 차이가 있으므로 주의한다.

건조 크랜베리
건조 크랜베리 끓는 물에 살짝 데쳐 찬물에 여러 번 주물러 헹궈 불순물을 말끔히 제거한 후 체에 걸러 물기를 빼고 오렌지 주스에 재워 냉장고에 하루 이상 보관했다가 사용하고 냉동실에 보관한다.

무가당 코코아파우더
값이 싼 제품 중에는 간혹 모래 같은 불순물이 섞여 있는 경우가 있으므로 되도록 풍미가 좋은 고가의 제품을 사용하는 것이 좋다.

유정란
최근에 산란한 것을 구입해 즉시 냉장 보관하고 사용 30분 전쯤 실온에 두었다 사용한다. 냉장고에서 미리 꺼내 두지 못했다면 계량 후에 체온보다 약간 낮게 중탕으로 데워 사용한다.

쌀조청
흰 물엿 대신 쌀조청으로 만들면 어릴 적 할머니가 만들어 주셨던 팥 찐빵의 팥소 맛을 느낄 수 있다.

냉동 블루베리
체에 밭쳐 찬물에 씻어 사용해야 한다. 요즘은 국내에서 재배한 블루베리도 품질이 아주 좋다.

직접 만드는 수제 재료

할머니가 만들어 주셨던 진하고 깊은 맛의 팥 찐빵 맛이 나는 팥소 만드는 법과
호두 전처리하는 법, 밤 당절임 만드는 법을 소개합니다.

팥소 만들기

재료 팥 250g, 물 700g, 유기농 황설탕 65g,
쌀조청 210g, 소금 2g

❶ 팥은 물에 하룻밤 정도 불려 압력솥에 넣고 물을
　넉넉하게 부어 한소끔 끓인다.
❷ 첫 번째 삶아낸 물은 따라 버리고 물 700g을
　넣는다.
❸ 뚜껑을 덮고 중간 불에 끓여 압력솥의 추가
　올라오면 20분 정도 더 끓인다.
❹ 팥이 부드럽게 익으면 유기농 황설탕과 쌀조청,
　소금을 넣고 중간 중간 저어 가면서 뭉근히 조린다.
❺ 농도가 적당해질 때까지 저어 가면서 뭉근히
　조린다.

호두 전처리

❶ 끓는 물에 호두를 넣고 껍질의 쓴맛과 불순물이 우
　러나오고 호두 껍질의 색이 물에 배어 나올 때까지
　3~4분 정도 끓이는 과정을 2~3회 반복한다.
❷ 호두를 체에 거른다.
❸ 오븐팬에 호두를 고르게 펼쳐 담고 150℃로 예열한
　오븐에 넣어 굽는다.
❹ 옅은 갈색이 나면 오븐에서 꺼내 식혀서 사용하고
　바로 사용하지 않을 때에는 반드시 냉동실에
　보관한다.

밤 당절임 만들기

재료 껍질을 벗겨 부드럽게 삶은 밤 100g, 물 60g,
유기농 황설탕 40g

❶ 냄비에 물과 유기농황설탕을 넣고 끓여
　끓으면 껍질을 벗겨 부드럽게 삶은 밤을 넣고
　불을 끈다.
❷ 하룻밤 그대로 두었다가 다시 살짝 끓여 식혀서
　밀폐용기에 담아 냉장실에 보관한다.

기억해 두어야 할
베이킹 기본 테크닉

빵 맛을 더 좋게 하는 발효종 만드는 법, 스트로이젤 만드는 법, 제빵기로 반죽하는 법,
발효기가 없을 때 집 안의 소품을 활용하여 가정용 발효기를 만드는 법, 3절접기를 미리 익혀 두면 좋습니다.
우리밀로 만든 빵과 과자를 만들 때 필요한 몇 가지 노하우를 공개합니다.

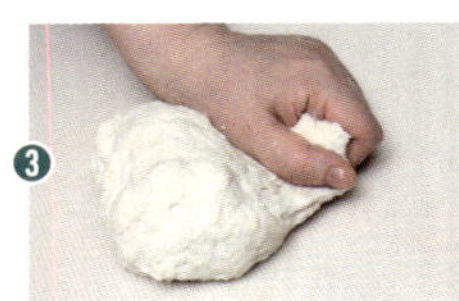
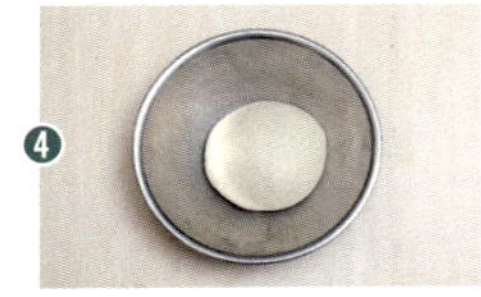

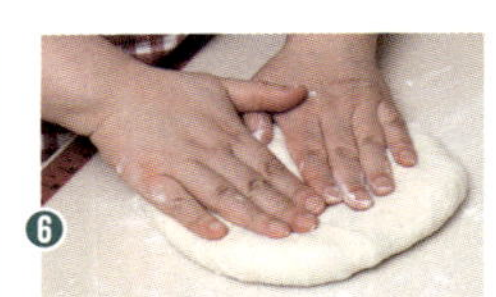

발효종 만들기

발효종은 미리 반죽하여 발효시켜 둔 반죽을 말한다. 수입밀에 비해 글루텐 함량이 부족한 우리밀에 발효종을 넣으면 반죽에 힘이 생겨 수분 함량을 약간 높일 수 있어 빵 맛이 더 좋아진다. 발효종은 모든 빵에 넣을 수 있는데 번거롭다는 단점이 있다. 아래의 레시피로 발효종을 만들면 170g 정도 만들어지므로 레시피의 필요한 분량만큼 사용하면 된다.

재료 우리밀 강력분 104g, 소금 2g, 인스턴트 드라이이스트 1g, 물 70g

❶ 볼에 가루 재료인 우리밀 강력분, 소금, 인스턴트 드라이이스트를 넣어 골고루 섞는다.
❷ 물을 넣고 섞는다.
❸ 마른 가루 없이 반죽이 한 덩어리로 뭉쳐지면 작업대로 옮겨 70% 정도만 반죽한다.
   tip 100% 믹싱된 반죽은 표면에 윤기가 흐르고 매끈한 상태이며, 70% 정도는 100%보다 덜 매끈하고 약간 거칠게 느껴진다. 본 반죽에서 반죽을 더하기 때문에 덜 반죽하는 것이라 생각하면 된다.
❹ 반죽을 동그랗고 매끄럽게 만들어 볼에 담아 따뜻한 곳(28℃ 정도)에서 윗면이 마르지 않도록 젖은 면포나 랩을 씌워 40분 정도 발효시킨다.
❺ 집게손가락에 밀가루를 듬뿍 묻혀 1차 발효한 반죽의 중심 부분을 깊이 찔러보아 생긴 구멍이 넓어지지도 좁아지지도 않는 상태가 되었는지 확인한다.
❻ 발효가 끝난 반죽을 손으로 지그시 눌러 가스를 뺀다.
❼ 보관용기에 넣어 냉장고에 보관해 72시간 내에 사용한다.

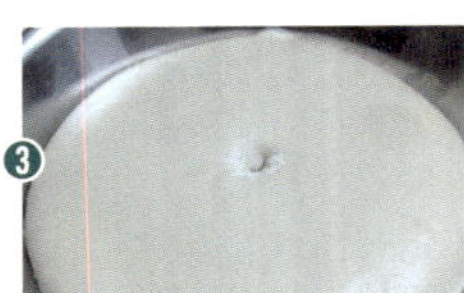

나만의 발효기 만들기

빵을 만들 때에는 1차 발효와 중간 발효, 2차 발효를 거쳐야 한다. 우리밀 빵 발효에 적당한 조건은 28~30℃ 정도의 온도와 75~80% 정도의 습도인데 한여름에는 가정에서도 비교적 쉽게 발효를 할 수 있으나 다른 계절에는 발효 조건을 맞추기 어렵다. 그래서 귀띔하는 가정에 있는 재료로 만든 나만의 발효기.

❶ 장난감 정리함 등의 뚜껑 달린 플라스틱 박스를 깨끗이 세척한다.
❷ 발효기에 뜨거운 물 1컵을 넣어 40~45분간 1차 발효시킨다.
   tip 온도가 낮은 계절에는 발효기 밑에 전기방석을 깔고 중온 정도로 설정하면 일정한 온도를 유지할 수 있다.
❸ 손가락에 밀가루를 듬뿍 묻혀 1차 발효가 끝난 반죽의 중심 부분을 깊이 찔러 생긴 구멍이 넓어지지도 좁아지지도 않는 상태가 되는지 발효점을 확인한다.

스트로이젤 만들기

'흩뿌리다'라는 뜻의 스트로이젤. 버터에 설탕을 섞고 가루 재료를 넣고 비벼 부슬부슬 거칠게 구운 빵류를 지칭한다. 단팥빵과 함께 한국인이 즐겨 먹는 소보로빵이 스트로이젤에 속하며 파운드케이크나 컵케이크, 파이, 타르트 등에 얹어 구우면 먹음직스럽고 풍성한 느낌을 준다. 호두나 아몬드 등을 다져 넣으면 맛이 고소하다. 푸드프로세서를 이용하면 더욱 간편하게 만들 수 있는데 모든 재료를 넣고 뭉쳐지기 직전까지 작동시키면 된다.

재료 버터 100g, 유기농 황설탕 간 것 100g, 우리밀 중력분 100g, 아몬드파우더 100g

❶ 볼에 버터를 넣고 부드럽게 풀어 유기농 황설탕 간 것을 넣고 섞는다.
❷ ①에 우리밀 중력분과 아몬드파우더를 체에 쳐 넣는다.
❸ 고무주걱의 날을 세워 반죽을 칼로 자르듯 섞는다. 잘 섞이지 않으면 양손으로 비비듯 섞는다.
❹ 보슬보슬하게 섞이면 잠시 냉장고에 넣었다 사용하고 남은 스트로이젤은 냄새가 배지 않도록 잘 밀봉해 냉동실에 보관한다.

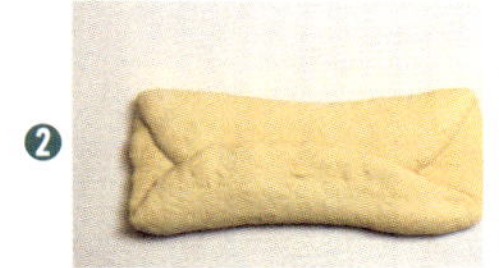

3절접기

반죽을 밀대로 밀어 세 겹으로 접는 것을 3절접기라 한다. 식빵이나 바게트 등을 고구마 모양으로 성형하고 중심에 볼륨감을 주어야 하는 빵에 자주 등장하는 용어이므로 미리 익혀 두면 좋다.

❶ 반죽의 중심을 기준으로 위아래로 밀대를 밀어 가스를 뺀다.
❷ 펼친 반죽을 3절접기한다.

제빵기로 반죽하기

책에서는 손반죽으로 반죽하는 법을 소개했지만 사실 손으로 반죽해서 만드는 글루텐에는 한계가 있다. 힘도 많이 들고 소음도 많이 나서 아파트에 거주할 경우 층간소음으로 이웃에 피해를 줄 수도 있다. 그렇다고 믹싱기를 구입하자니 가격이 부담스럽다면 제빵기를 추천하고 싶다. 사용 시 소음이 거의 없고 가격도 믹싱기보다 저렴하여 가정에서 사용하기 적당하다. 제빵기를 구입할 때는 단순한 기능과 AS가 잘 되는 기업의 제품으로 고르는 것이 요령. 제빵기로 반죽을 할 때는 되도록 밀가루의 무게가 400g을 넘기지 않는 것이 좋다. 구움 기능은 사용하지 않고 반죽 기능만 사용하는데 식빵처럼 믹싱을 길게 하는 종류의 반죽은 반죽 기능을 한 번 더 세팅해 반죽의 상태에 따라 조금 더 반죽하기도 한다.

❶ 제빵기의 믹싱볼에 가루 재료를 넣어 골고루 잘 섞는다.
tip 이스트는 설탕, 소금과 닿지 않게 주의한다.
❷ 가루 재료가 고루 섞이면 수분 재료를 넣어 반죽기에 장착하여 반죽 코스로 세팅한다.
❸ 반죽이 어느 정도 진행되면 버터를 넣어 매끄럽게 섞이도록 반죽한다.
❹ 반죽이 끝나면 완성된 반죽을 동그랗고 매끄럽게 만들어 볼에 넣고 따뜻한 곳(28~30℃)에서 윗면이 마르지 않도록 해 두 배 이상 부풀도록 45~50분 정도 1차 발효시킨다(강력분 100g당 인스턴트 드라이이스트 2g 기준).

우리밀
발효빵

막걸리
발효종빵

막걸리 발효종으로 만든 빵인데, 빵 맛을 본 사람들은 모두 "빵에서 누룽지 향이 나네요"라고 말해요.
막걸리의 효모들이 구수한 향을 내는 것 같아요.
막걸리는 냉장 판매되는 생막걸리를 사용하고 발효력이 좋은 최근에 만든 제품으로 고르세요.

Yield
22(가로)×14(세로)×8(높이)cm
타원형 바구니 1개

Ingredients

우리밀 강력분 320g
소금 8g
미지근한 물(체온 정도) 170g
꿀 10g
올리브오일 16g
호두 63g
크랜베리 73g

Ingredients 막걸리 발효종
우리밀 강력분 160g
생막걸리 160g

Inactive Prep
막걸리 발효종을 만든다. 우리밀
강력분 160g에 생막걸리 160g을
고무주걱으로 잘 섞어 28℃에서 30
분 정도 발효시킨 다음 래핑해 냉
장고에 넣어 두고 부피가 2~2.5배
가 되면 사용한다.

Directions
반죽 ▶
1차 발효(60~70분) ▶
중간 발효(15분) ▶
2차 발효(60~70분) ▶
굽기

Oven
210℃로 예열한 오븐 20~25분

1 볼에 가루 재료인 우리밀 강력분과 소금을 넣어 잘 섞는다.

2 가루 재료가 고루 섞이면 막걸리 발효종, 미지근한 물, 꿀, 올리브오일을 넣고 마른 가루 없이 잘 섞는다.
Tip 막걸리 발효종을 냉장고에서 바로 꺼내 사용하면 반죽이 너무 차가워지기 때문에 미지근한 물을 넣고 반죽해야 믹싱이나 발효에 영향을 주지 않는다.

3 반죽을 한 덩어리로 뭉쳐 작업대로 옮겨 밀고, 접고, 치대고, 내리치고를 반복하여 반죽 표면에 작은 기포가 생기고 매끄러워질 때까지 15~20분 정도 반죽한다.

4 반죽이 완료되면 호두와 크랜베리를 넣고 섞는다.

5 반죽을 동그랗고 매끄럽게 만들어 볼에 넣어 젖은 면포나 랩으로 싸서 윗면이 마르지 않도록 하여 따뜻한 곳(30℃)에서 60~70분 정도 1차 발효시킨다.

1차 발효 후.

6 반죽을 손바닥으로 지그시 눌러 가스를 뺀다.

7 표면이 매끄러워지도록 둥글리기한다.

8 볼 등으로 덮어 마르지 않도록 하여 실온에서 15분 정도 중간 발효시킨다.

중간 발효 전.

중간 발효 후.

 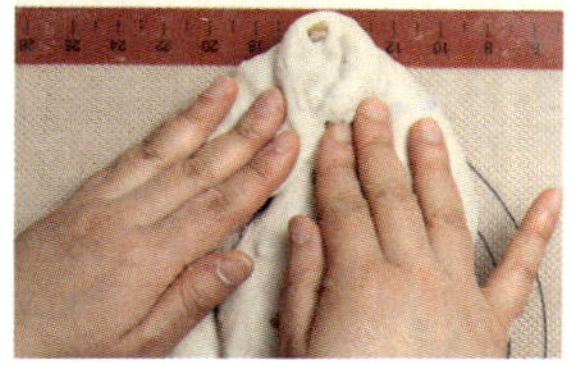 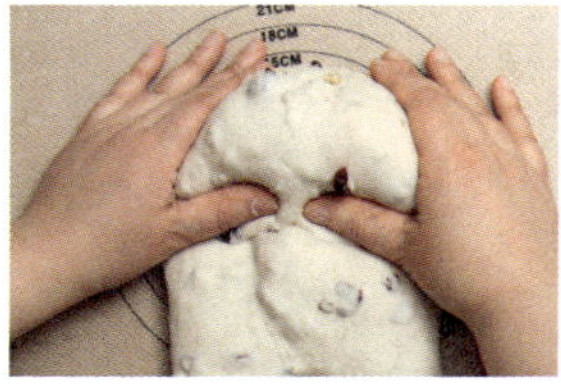 

9 중간 발효로 다시 생긴 가스를 지그시 누른 다음 반죽을 펼친다.

10 펼친 반죽을 3절접기하여 윗부분을 삼각형으로 접는다.

11 가운데가 볼륨감 있게 돌돌 만다.

12 이음매 부분, 즉 반죽이 말린 끝부분은 손끝으로 꼬집어 단단히 마무리한다.
Tip 단단히 마무리하지 않으면 오븐에 구울 때 팽창되는 힘 때문에 밑이 터져서 원하는 높이나 모양이 나오지 않는다.

13 바구니에 천을 덮고 덧가루를 충분히 뿌린다.
Tip 덧가루를 뿌리지 않으면 천에 반죽이 달라붙어 2차 발효 후에 바구니에서 반죽을 분리할 수 없다. 덧가루는 강력분을 사용하고 작업을 꼼꼼히 해야 한다.

14 덧가루를 충분히 뿌린 발효 바구니에 반죽을 넣고 플라스틱 용기 등으로 덮어 60~70분 정도 반죽이 마르지 않도록 하여 실온에서 2차 발효시킨다.
Tip 습기가 많은 곳에서 발효시키면 천이 젖어 빵 반죽과 붙어 분리가 힘드므로 습기가 적은 상태로 발효시킨다.

2차 발효 후.

15 바구니에서 반죽을 빼낸다.

16 붓으로 덧가루를 적당히 털어 낸다.

17 기포가 꺼지지 않도록 주의하며 쿠프(칼집 넣기)를 낸다.
Tip 기포가 꺼지면 구웠을 때 빵의 크기가 작고 맛도 질기다.

18 스프레이로 물을 뿌리고 210℃로 예열한 오븐에서 20~25분 정도 굽는다.
Tip 스프레이는 가는 물줄기로 2~3번 정도만 뿌린다. 예열한 오븐에 물스프레이를 하면서 팬을 넣으면 더욱 효과적이다. 오븐에 따라 210℃에 구우면 색이 진하게 나는 경우도 있다. 중간쯤 구웠을 때 색이 진하면 오븐 온도를 낮춰 굽는다.

햄 채소 모닝롤

우리 아이들이 정말 좋아하는 햄 채소 모닝롤을 만들어 먹이면
말로는 표현하기 어려운 벅찬 감동이 밀려와요.
'이렇게 많은 채소를 먹였다니!' 하고 말이죠.
집에 채소를 잘 먹지 않는 아이나 어른이 있다면
이 빵으로 채소를 듬뿍 먹이는 뿌듯함을 느껴 보세요.

Yield

밑지름 6.5cm
은박 마들렌틀 10개

Ingredients

우리밀 강력분 180g
우리밀 중력분 45g
탈지분유 14g
유기농 황설탕 28g
소금 3.5g
인스턴트 드라이이스트 4g
우유 17g
유정란 47g
생크림 100g
버터 24g
여러 가지 채소와 햄 400g
마요네즈 적당량
소금 약간

토마토케첩 적당량

Inactive Prep

여러 가지 채소는 옥수수알,
다진 햄, 다진 파프리카,
다진 피망, 다진 양파, 다진 당근
등 기호에 맞는 재료로 400g을 준
비해 약간의 마요네즈를 넣고 버무
린다.

Directions

반죽 ▶
1차 발효(45~50분) ▶
2차 발효(45~50분) ▶
굽기

Oven

170℃로 예열한 오븐 10분 ▶
170℃ 2~3분

1 볼에 가루 재료인 우리밀 강력분, 우리밀 중력분, 탈지분유, 유기농 황설탕, 소금, 인스턴트 드라이이스트를 넣어 잘 섞는다.
Tip 인스턴트 드라이이스트는 유기농 황설탕과 소금에 닿지 않게 주의한다.

2 가루 재료가 고루 섞이면 액체 재료인 우유, 유정란, 생크림을 넣어 마른 가루 없이 반죽이 한 덩어리가 되도록 섞는다.

3 반죽을 작업대로 옮기고 부드러운 버터를 넣어 섞는다.

4 밀고, 접고, 치대고, 내리치고를 반복하며 15~20분 정도 손반죽한다.

5 반죽을 동그랗고 매끄럽게 만들어 볼에 넣어 젖은 면포나 랩으로 싸서 윗면이 마르지 않도록 하여 따뜻한 곳(30℃)에서 45~50분 정도 1차 발효시킨다.

6 집게손가락에 밀가루를 듬뿍 묻혀 1차 발효가 끝난 반죽의 중심을 깊이 찔러 발효점을 확인한다.
Tip 손가락으로 찔러 생긴 구멍이 넓어지지도 좁아지지도 않는 상태가 되었는지 확인한다.

7 1차 발효가 끝난 반죽을 작업대로 옮겨 밀대로 민다.

8 여러 가지 채소와 햄, 약간의 마요네즈는 만들기 직전에 섞는다.

9 밀어 펼친 반죽에 마요네즈에 버무린 채소와 햄을 골고루 얹는다.

10 아래쪽부터 단단하게 말아 올리는데, 반죽의 두께를 균일하게 맞춘다.

Tip 두께를 균일하게 맞추어야 한다.

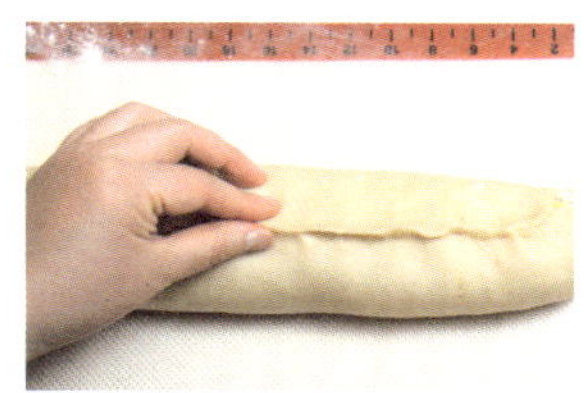

11 이음매 부분은 손끝으로 꼬집어 단단히 마무리한다.

Tip 단단히 마무리하지 않으면 오븐에 구울 때 팽창되는 힘 때문에 밑이 터져서 원하는 높이나 모양이 나오지 않는다.

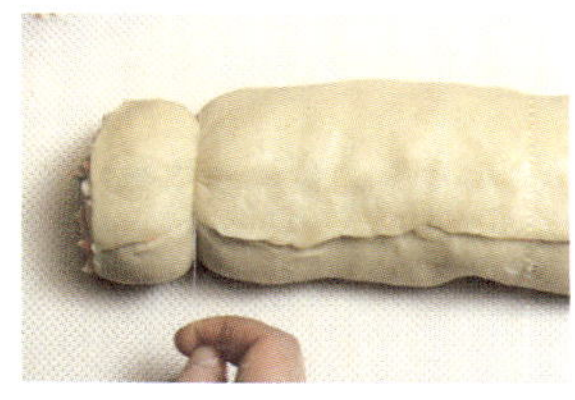

12 무명실이나 낚싯줄로 반죽을 10등분한다.

Tip 칼로 자르면 채소가 빠져나온다.

13 작은 은박지컵에 넣어 오븐팬에 간격을 띄우고 얹는다.

14 플라스틱 용기 등으로 덮어 윗면이 마르지 않도록 하여 따뜻한 곳(30℃)에서 45~50분 정도 2차 발효시킨다.

Tip 2차 발효시킬 때 면포나 랩을 씌워 발효시키면 들러붙으므로 플라스틱 용기 등으로 덮어 발효시킨다.

2차 발효 후.

15 170℃로 예열한 오븐에서 10분 정도 구워(90%) 오븐에서 잠시 꺼내 토마토케첩을 뿌린다.

16 170℃의 오븐에 다시 넣어 2~3분 정도 더 굽는다.

블루베리
모닝빵

모닝빵에 블루베리잼을 듬뿍 넣은 블루베리 모닝빵이에요. 바쁜 아침 시간에 속에
아무 것도 없는 모닝빵 보다 훨씬 맛있게 먹을 수 있어요. 블루베리잼 대신 딸기잼, 포도잼, 오렌지잼 등을
입맛에 따라 넣어도 좋아요. 또는 찐 단호박에 꿀이나 유기농 황설탕을 넣어서 졸여 넣어도 별미예요.

Yield

17(가로)×17(세로)×7(높이)cm
사각틀 1개

Ingredients

우리밀 강력분 221g
우리밀 중력분 28g
유기농 황설탕 20g
소금 4g
인스턴트 드라이이스트 4g
물 153g
생크림 20g
연유 10g
버터 12g

블루베리잼 144g
스트로이젤 적당량

Inactive Prep

● 스트로이젤 만드는 법은 23쪽을
참조한다.

● 수제 블루베리잼은 냉동 블루베
리 300g과 설탕 200g을 냄비에 넣
고 끓여 잼의 농도가 되면 레몬즙
1/2개분을 넣고 조금 더 끓여 식혀
서 사용한다.

Directions

반죽 ▶
1차 발효(45~50분) ▶
중간 발효(10분) ▶
2차 발효(45~50분) ▶
굽기

Oven

170℃로 예열한 오븐 10분 ▶
160℃ 7~9분

1 볼에 가루 재료인 우리밀 강력분, 우리밀 중력분, 유기농 황설탕, 소금, 인스턴트 드라이이스트를 넣어 잘 섞는다.
Tip 인스턴트 드라이이스트는 유기농 황설탕과 소금에 닿지 않게 주의한다.

2 가루 재료가 고루 섞이면 액체 재료인 물, 생크림, 연유를 넣는다.

3 마른 가루 없이 반죽을 한 덩어리로 뭉쳐 작업대로 옮겨 부드러운 버터를 섞고 손반죽을 한다.

4 밀고, 접고, 치대고, 내리치고를 반복하여 반죽 표면에 작은 기포가 생기고 매끄러워질 때까지 15~20분 정도 반죽한다.

5 반죽을 동그랗고 매끄럽게 만들어 볼에 넣어 젖은 면포나 랩으로 싸서 윗면이 마르지 않도록 하여 따뜻한 곳(30℃)에서 45~50분 정도 1차 발효시킨다.

6 집게손가락에 밀가루를 듬뿍 묻혀 1차 발효가 끝난 반죽의 중심을 깊이 찔러 생긴 구멍이 넓어지지도 좁아지지도 않는 상태가 되었는지 발효점을 확인한다.

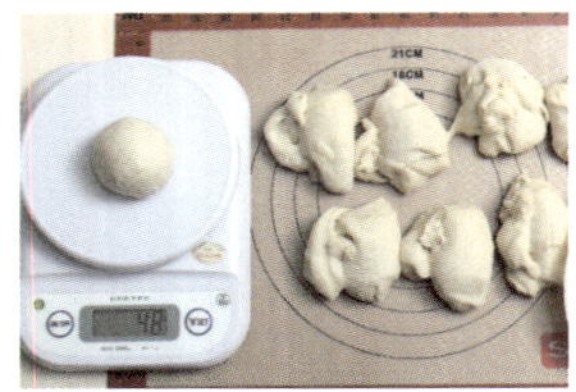

7 카드를 이용해 반죽을 9등분(약 48g씩)한다.

8 표면이 매끄러워지도록 둥글리기한다.

둥글리기 후.

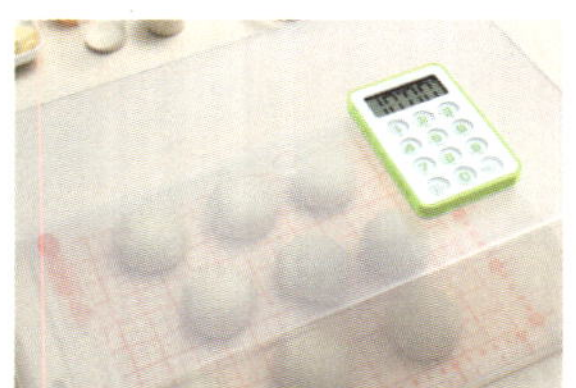

9 플라스틱 용기 등으로 덮어 실온에서 10분 정도 중간 발효시킨다.

10 중간 발효가 끝난 반죽은 손바닥으로 눌러 가스를 뺀다.

11 반죽에 블루베리잼을 16g씩 올린다.

Tip 블루베리잼은 시판 제품을 사용해도 되지만 농도가 묽다면 아몬드파우더를 넣어 농도를 조절해서 반죽에 넣는다.

12 블루베리잼이 새어나오지 않게 잘 감싼다.

13 오므려진 부분을 꼬집어 마무리한다.

14 오므린 부분을 모아 쥐고 물에 담갔다 꺼낸다.

Tip 물에 담갔다 꺼내야 스트로이젤을 붙일 수 있다. 또는 윗면에만 물 스프레이를 해도 된다.

15 미리 만들어 둔 스트로이젤을 넉넉히 묻힌다.

16 사각틀에 오일을 살짝 바르고 반죽을 균형 있게 채운다.

17 플라스틱 용기 등으로 덮어 윗면이 마르지 않도록 하여 따뜻한 곳(30℃)에서 45~50분 정도 2차 발효시킨다.

2차 발효 후.

18 170℃로 예열한 오븐에서 10분 정도 구워 오븐의 온도를 낮춰 160℃에서 7~9분 정도 더 굽는다.

19 사각틀에서 바로 빼내어 식힘망에 올려 식힌다.

시금치 모닝빵

편식 대마왕 둘째 아이가 버섯 다음으로 싫어하는 시금치를 넣은 모닝빵이에요.
베이컨을 조금 넣었더니 시금치가 들어간 걸 알면서도 맛있게 먹어요.
둘째 아이에게는 '없어서 못 먹는 빵'이 됐어요.

Yield

9개

Ingredients

우리밀 강력분 158g
우리밀 중력분 42g
유기농 황설탕 25g
소금 3g
인스턴트 드라이이스트 4g
우유 56g
생크림 25g
물 45~50g
버터 35g
시금치무침
볶은 양파(중간 크기) 1/4개분
베이컨 2장

달걀물 적당량

Inactive Prep

● 시금치무침은 데쳐 물기를 뺀 시금치 60g, 파르메산 치즈가루 5g, 소금 약간, 올리브오일 1/2큰술을 넣고 무쳐 준비한다.
● 양파는 다져 오일을 두른 팬에 볶는다.
● 달걀물은 달걀과 우유를 동량으로 섞어 준비한다.

Directions

반죽 ▶
1차 발효(45~50분) ▶
중간 발효(10분) ▶
2차 발효(40~45분) ▶
굽기

Oven

170℃로 예열한 오븐 12~14분

How to make

1 볼에 가루 재료인 우리밀 강력분, 우리밀 중력분, 유기농 황설탕, 소금, 인스턴트 드라이이스트를 넣어 잘 섞는다.
Tip 인스턴트 드라이이스트는 유기농 황설탕과 소금에 닿지 않게 주의한다.

2 가루 재료가 고루 섞이면 액체 재료인 우유, 생크림, 물을 넣고 마른 가루 없이 반죽을 한 덩어리로 뭉친다.

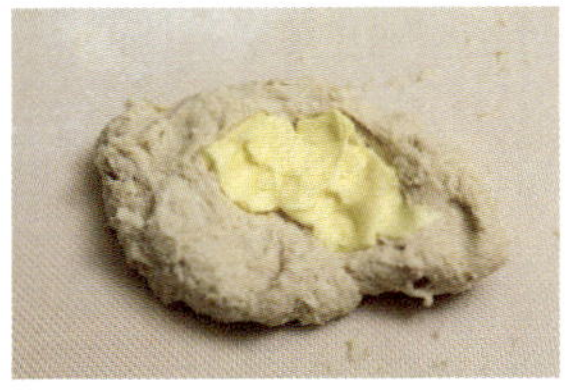

3 반죽을 작업대로 옮겨 부드러운 버터를 넣어 섞는다.

4 밀고, 접고, 치대고, 내리치고를 반복하여 반죽 표면에 작은 기포가 생기고 매끄러워질 때까지 15~20분 정도 반죽한다.

5 반죽에 시금치무침, 볶은 양파, 베이컨을 섞는다.

6 반죽을 동그랗고 매끄럽게 만들어 볼에 넣어 젖은 면포나 랩으로 싸서 윗면이 마르지 않도록 하여 따뜻한 곳(30℃)에서 45~50분 정도 1차 발효시킨다.

7 집게손가락에 밀가루를 듬뿍 묻혀 1차 발효가 끝난 반죽의 중심을 깊이 찔러 생긴 구멍이 넓어지지도 좁아지지도 않는 상태가 되었는지 발효점을 확인한다.

8 반죽을 9등분(약 52g씩)한다.

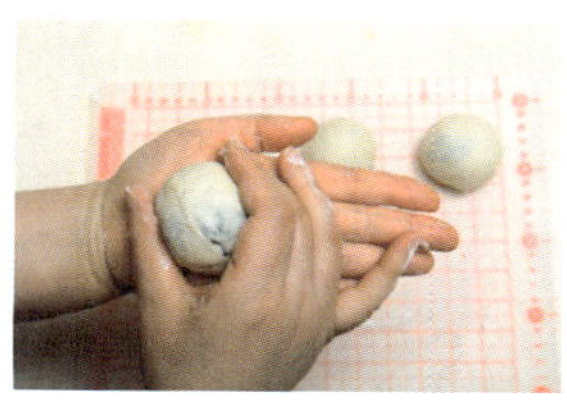

9 표면이 매끄러워지도록 둥글리기한다.

둥글리기 후.

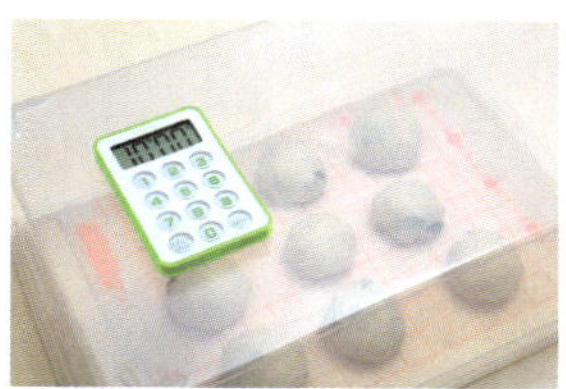

10 플라스틱 용기 등으로 덮어 실온에서 10분 정도 중간 발효시킨다.

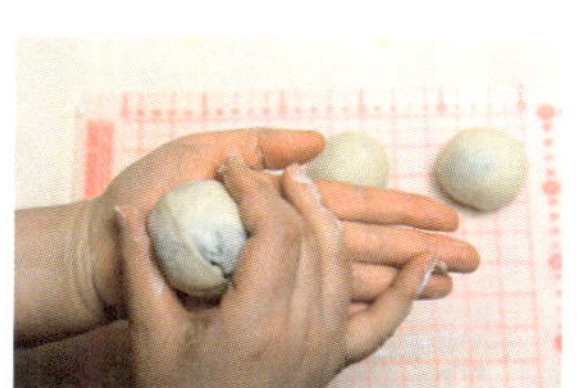

11 중간 발효 중 생성된 가스를 빼면서 표면이 매끄럽고 봉긋하게 되도록 다시 둥글리기한다.

12 팬에 오일을 살짝 바르고 성형한 모닝빵을 간격을 띄우고 얹는다.

13 플라스틱 용기 등으로 덮어 윗면이 마르지 않도록 하여 따뜻한 곳(30℃)에서 40~45분 정도 2차 발효시킨다.

14 2차 발효가 완료되면 표면에 달걀물을 살살 칠한다.
Jip 달걀물은 달걀과 우유를 동량으로 섞는다.

15 170℃로 예열한 오븐에서 12~14분 정도 굽는다.

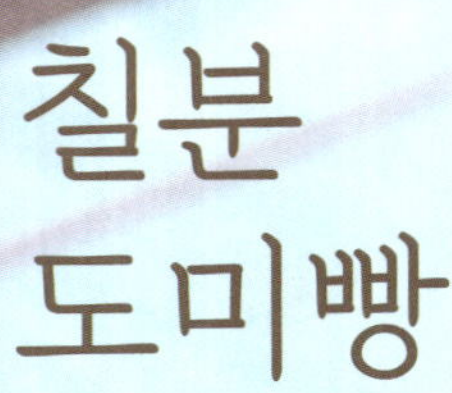

칠분
도미빵

빵에 구수한 밥을 넣어 구우면 조금만 먹어도 정말 든든해요.
빵에 현미밥이나 칠분도미밥, 백미밥, 보리밥을 모두 넣어 보았는데요.
그 중에 칠분도미밥을 넣은 빵이 제일 부드럽고 고소했어요. 오돌토돌 하면서도 부드러운 맛이 별미예요.
현미밥을 넣어도 되는데, 현미를 충분히 불려 부드럽게 밥을 지어 넣어야 해요.
늘 먹던 밥의 새로운 변신에 놀라실 거예요.

Yield
1개

Ingredients

우리밀 강력분 295g
유기농 황설탕 32g
소금 7g
인스턴트 드라이이스트 5g
물 163g
포도씨오일 50g
칠분도미밥 138g

Inactive Prep
칠분도미는 1시간 이상 물에 불려
부드럽게 밥을 지어 차갑게 식혀
사용한다.

Directions
반죽 ▶
1차 발효(45~50분) ▶
중간 발효(15분) ▶
2차 발효(45분~50분) ▶
굽기

Oven
170~180℃로 예열한 오븐
20~25분

1 볼에 가루 재료인 우리밀 강력분, 유기농 황설탕, 소금, 인스턴트 드라이이스트를 넣어 잘 섞는다.
tip 인스턴트 드라이이스트는 유기농 황설탕과 소금에 닿지 않게 주의한다.

2 가루 재료가 고루 섞이면 액체 재료인 물과 포도씨오일을 넣고 마른 가루 없이 반죽을 한 덩어리로 뭉친다.

3 반죽이 한 덩이로 뭉쳐지면 작업대로 옮겨 밀고, 접고, 치대고, 내리치고를 반복하여 반죽 표면에 작은 기포가 생기고 매끄러워질 때 까지 15~20분 정도 반죽한다.

4 차갑게 식힌 칠분도미밥을 섞는다.

5 밥알이 잘 섞일 때까지 조금 더 반죽한다.

6 반죽을 동그랗고 매끄럽게 만들어 볼에 넣어 젖은 면포나 랩으로 싸서 표면이 다르지 않도록 하여 따뜻한 곳(30℃)에서 45~50분 정도 1차 발효시킨다.

7 집게손가락에 밀가루를 듬뿍 묻혀 반죽의 중심을 깊이 찔러 생긴 구멍이 넓어지지도 좁아지지도 않는 상태가 되었는지 확인한다.

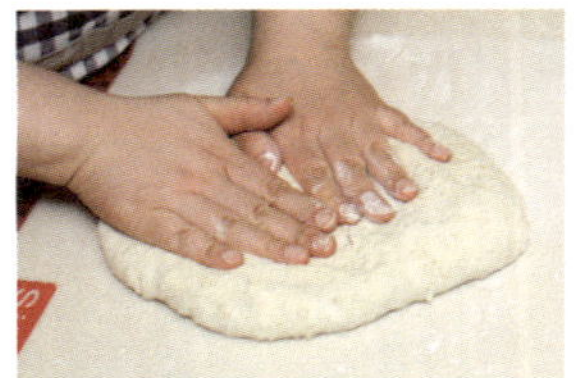

8 발효점을 확인하고 나면 작업대에 반죽을 올리고 지그시 눌러 가스를 뺀다.

9 표면이 매끄러워지도록 둥글리기한다.

10 볼 등으로 덮어 마르지 않도록 하여 실온에서 15분 정도 중간 발효시킨다.

중간 발효 후.

11 중간 발효로 다시 생긴 가스를 손으로 지그시 눌러 빼면서 납작하게 반죽을 펼친다.

12 다시 둥글리기하여 모양을 잡는다.

13 발효 바구니에 천을 덮고 덧가루를 충분히 뿌린다.
tip 덧가루를 뿌리지 않으면 천에 반죽이 달라붙어 2차 발효 후에 바구니에서 반죽을 분리할 수 없다. 덧가루는 강력분을 사용하고 작업을 꼼꼼히 해야 한다.

2차 발효 전.

14 플라스틱 용기 등으로 덮어 45분~50분 정도 반죽이 마르지 않도록 하여 실온에서 2차 발효시킨다.
tip 습기가 많은 곳에서 발효시키면 천이 젖어 빵 반죽과 붙어 분리가 힘드므로 습기가 적은 상태로 발효시킨다.

15 바구니에서 조심스럽게 반죽을 빼낸다.

16 기포가 꺼지지 않도록 주의하며 십자 모양으로 쿠프(칼집넣기)를 낸다.

17 170~180℃로 예열한 오븐에서 20~25분 정도 구워 식힘망에 올려 식힌다.
tip 바닥면까지 구움색이 잘 나면 적당히 구워진 것이다.

소보로빵

언제나 우리집 베스트셀러 빵은 소보로빵이에요.
아이들이 어렸을 때 참 많이 좋아했는데, 다 큰 지금도 맛있다며 정말 잘 먹어요.
넉넉하게 만들어 잘 밀봉해 냉동실에 얼려두었다가 실온에서 해동하여
160℃의 오븐에서 4~5분쯤 데워 먹어요.
신기하게 갓 구운 것처럼 겉은 바삭하고 속은 말랑해요.

Yield
8개

Ingredients

우리밀 강력분 224g
유기농 황설탕 29g
소금 4g
인스턴트 드라이이스트 4g
우유 60g
생크림 50g
물 35g
버터 35g
찐 고구마 60g

Ingredients 소보로

버터 80g
땅콩버터 35g
쌀조청이나 물엿 20g
유기농 황설탕 간 것 76g
유정란 20g
우리밀 중력분 144g
아몬드파우더 21g
분유 5g
베이킹파우더 4g
소금 1g

Directions
반죽 ▶
1차 발효(45~50분) ▶
중간 발효(10분) ▶
2차 발효(45~50분) ▶
굽기

Oven
170℃로 예열한 오븐
12~13분

1 소보로를 만든다. 실온에 두어 부드러워진 버터와 땅콩버터를 섞는다. 이어서 쌀조청을 넣고 섞는다.

2 유기농 황설탕 간 것을 넣고 잘 섞는다.

3 ②에 실온에 꺼내 놓은 유정란을 3~4번에 나눠 넣고 분리되지 않도록 주의하며 섞는다.
tip 버터의 지방과 유정란의 수분이 분리되는 현상이 있을 수 있는데 가루 재료의 일부를 먼저 넣으면 분리현상을 줄일 수 있다. 겨울철에는 유정란을 체온 정도로 중탕해 소량씩 넣으면 분리 현상을 막을 수 있다.

4 가루 재료인 우리밀 중력분, 아몬드파우더, 분유, 베이킹파우더, 소금을 함께 체에 쳐 넣는다.

5 고무주걱을 세워 자르듯 섞는다. 이 때 한 덩어리가 되도록 섞지 말고 90% 정도로 약간의 가루가 보일 정도로만 섞어 냉장실에서 휴지시켜 소보로를 완성한다.
tip 급할 경우에는 냉동실에서 굳힐 수도 있지만 되도록 냉장실에서 충분히 휴지시켜 사용한다.

6 반죽을 한다. 볼에 가루 재료인 우리밀 강력분, 유기농 황설탕, 소금, 인스턴트 드라이이스트를 넣어 잘 섞는다.
tip 인스턴트 드라이이스트는 유기농 황설탕과 소금에 닿지 않게 주의한다.

7 가루 재료가 고루 섞이면 액체 재료인 우유, 생크림, 물을 넣어 마른 가루 없이 반죽을 한 덩어리로 뭉친다.

8 반죽이 한 덩이로 뭉쳐지면 작업대로 옮겨 부드러운 버터를 섞는다. 버터가 어느 정도 섞이면 밀고, 접고, 치대고, 내리치고를 반복하여 반죽 표면에 작은 기포가 생기고 매끄러워질 때까지 15~20분 정도 반죽한다.

9 찐고구마를 섞는다.
tip 고구마는 품종에 따라 수분 함량이 다르므로 수분 함량이 많은 고구마일 경우 반죽이 질어질 수 있으므로 주의한다. 찐 고구마가 없다면 물을 10~15g 정도 더 넣고 반죽한다.

10 반죽을 동그랗고 매끄럽게 만들어 볼에 넣어 젖은 면포나 랩으로 싸서 윗면이 마르지 않도록 하여 따뜻한 곳(30℃)에서 45~50분 정도 1차 발효시킨다.

11 집게손가락에 밀가루를 듬뿍 묻혀 반죽의 중심을 깊이 찔러 생긴 구멍이 넓어지지도 좁아지지도 않는 상태가 되었는지 확인한다.

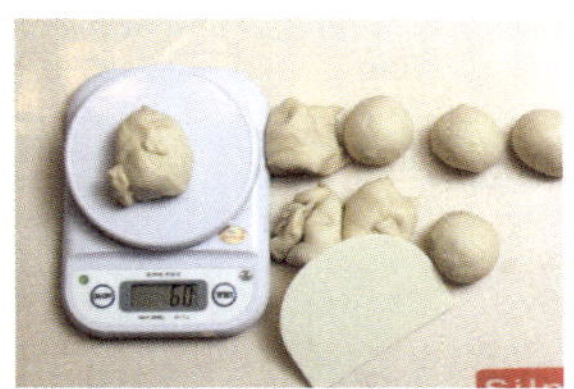

12 반죽을 8등분(약 60g씩) 한다.

13 왼손 바닥에 반죽을 올려 오른손으로 반죽을 감싸 꼬집듯 굴린다.

14 가스를 빼며 표면이 매끄럽도록 둥글리기한다.

15 플라스틱 용기 등으로 덮어 실온에서 10분 정도 중간 발효시킨다.

중간 발효 후.

16 중간 발효로 다시 생긴 가스를 손으로 지그시 눌러 빼면서 봉긋하고 매끄럽게 둥글리기한다.

17

18 작업대에 소보로를 적당량(약 50g) 얹고 물에 적신 반죽을 얹는다.

19 손끝으로 꾹 눌러 소보로를 듬뿍 묻힌다.

20 오일을 얇게 바른 팬에 올려 플라스틱 용기 등으로 덮어 윗면이 마르지 않도록 하여 따뜻한 곳(30℃)에서 45~50분 정도 2차 발효시킨다. 170℃로 예열한 오븐에서 12~13분 정도 굽는다.

단팥빵

저희 아이들은 철들기 전까지 단팥빵을 "쪼꼬빵~ 주세요~"라고 했어요.

유기농 황설탕과 쌀 조청을 넣어 조린 팥소가 거무스름해서 꼭 초콜릿색으로 보였나 봐요.

그때는 초코빵이라고 속여서 많이 먹였었는데 이제는 속이지 않아도 잘 먹어요.

Ingredients

우리밀 강력분 220g
유기농 황설탕 33g
소금 3g
인스턴트 드라이이스트 4g
우유 71g
유정란 33g
생크림 20g
물 37g
버터 27g
팥소 405g

검은깨 적당량
달걀물 적당량

Inactive Prep
팥소는 45g씩 나눠 둔다.

Directions
반죽 ▶
1차 발효(45~50분) ▶
중간 발효(10분) ▶
2차 발효(45~50분) ▶
굽기

Oven
170℃로 예열한 오븐 12~14분

1 볼에 가루 재료인 우리밀 강력분. 유기농 황설탕. 소금. 인스턴트 드라이이스트를 넣어 잘 섞는다.

Tip 인스턴트 드라이이스트는 유기농 황설탕과 소금에 닿지 않게 주의한다.

2 가루 재료가 고루 섞이면 액체 재료인 우유. 유정란. 생크림. 물을 넣는다.

3 마른 가루 없이 반죽이 한 덩어리가 되도록 잘 섞어 작업대로 옮겨 부드러운 버터를 섞는다.

4 밀고, 접고, 치대고, 내리치고를 반복하여 반죽 표면에 작은 기포가 생기고 매끄러워질 때까지 20~25분 정도 반죽한다.

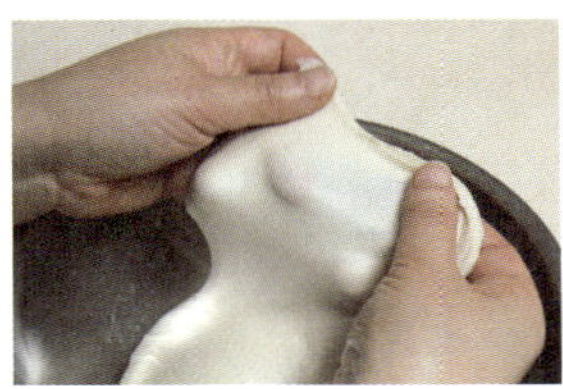

5 반죽을 양손으로 잡고 잡아당겨 손바닥이 비칠 정도로 글루텐이 만들어졌는지 확인한다.

6 반죽을 동그랗고 매끄럽게 만들어 볼에 넣어 젖은 면포나 랩으로 싸서 윗면이 마르지 않도록 하여 따뜻한 곳(30℃)에서 45~50분 정도 1차 발효시킨다.

1차 발효 후.

7 반죽을 9등분(약 46g씩)한다.

8 표면을 매끄럽게
둥글리기한다.

9 플라스틱 용기 등으로 덮어
실온에서 10분 정도 중간
발효시킨다.

10 중간 발효가 끝나면
손바닥으로 눌러 가스를
뺀다.

11 반죽에 팥소를 올리고 잘
감싼다.

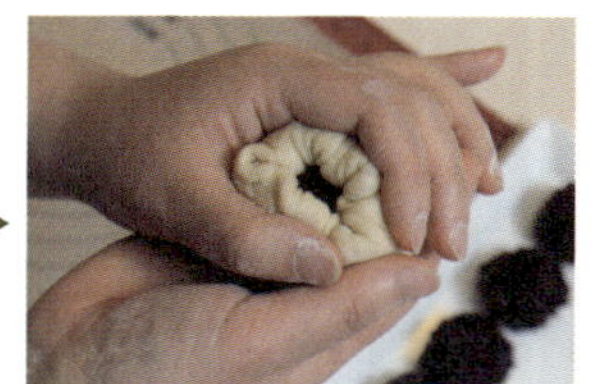

12 팬에 오일을 살짝
바르고 단팥빵을
올린다.

13 손끝으로 가볍게 누른다.

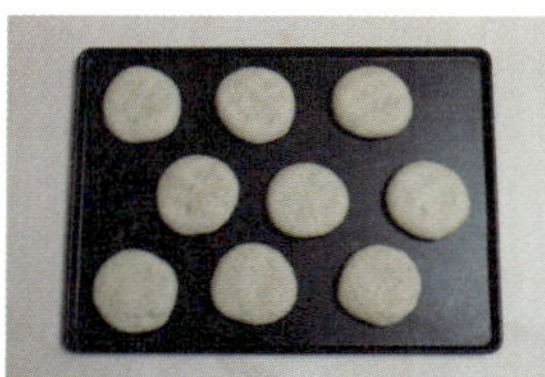

14 따뜻한 곳(30℃)에서
표면이 마르지
않도록 하여 45~50분 정도 2차
발효시킨다.
Jip 플라스틱 용기 등으로 덮어
발효시킨다.

2차 발효 후.

15 2차 발효가 완료되면
표면에 달걀물을 살살
칠한다.
Jip 달걀물은 달걀과 우유를 동량으로
섞는다.

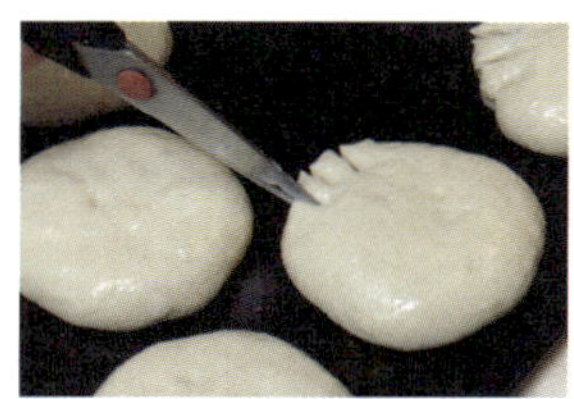

16 고양이 발톱 모양으로
가위집을 낸다.

17 중앙에 검은깨를 올린다.

18 170℃로 예열한
오븐에서 12~14분 정도
굽는다.

모카롤빵

커피 향이 나는 빵은 정말 매력적이지요?
커피빵 속에 크림치즈와 건포도가 어우러져 있으니
보석 속에 또 하나의 보석을 발견한 기분이에요.
스트로이젤을 만들 때 커피를 조금 넣으면 커피 향이 더욱 진해요.

Yield
밀지름 6.5cm
은박 마들렌틀 9개

Ingredients

우리밀 강력분 168g
유기농 황설탕 25g
소금 3g
인스턴트 드라이이스트 3g
커피가루 2g
우유 63g
물 31g
유정란 18g
커피액 33g
버터 21g
건포도 100g
스프레드용 크림치즈 필링 113g
스트로이젤 적당량

Inactive Prep
● 스프레드용 크림치즈 필링은 크림치즈 100g에 유기농 황설탕 13g을 섞어 만든다.
● 건포도는 끓는 물에 살짝 데쳐 찬물에 주물러 가며 여러 번 헹궈 체에 밭쳐 물기를 빼서 레드 와인에 재워 냉장고에 넣어 보관한다.

Directions
반죽 ▶
1차 발효(45~50분) ▶
2차 발효(45~50분) ▶
굽기

Oven
170℃로 예열한 오븐 12~14분

1 볼에 가루 재료인 우리밀 강력분, 유기농 황설탕, 소금, 인스턴트 드라이이스트, 커피가루를 넣어 잘 섞는다.
Tip 인스턴트 드라이이스트는 유기농 황설탕과 소금에 닿지 않게 주의한다.

2 가루 재료가 고루 섞이면 액체 재료인 우유, 유정란, 물을 넣는다.

3 마른 가루 없이 반죽을 한 덩어리가 되도록 잘 섞어 작업대로 옮겨 반죽한다.

4 반죽에 부드러운 버터를 섞어 밀고, 접고, 치대고, 내리치고를 반복하며 15~20분 정도 손반죽한다.

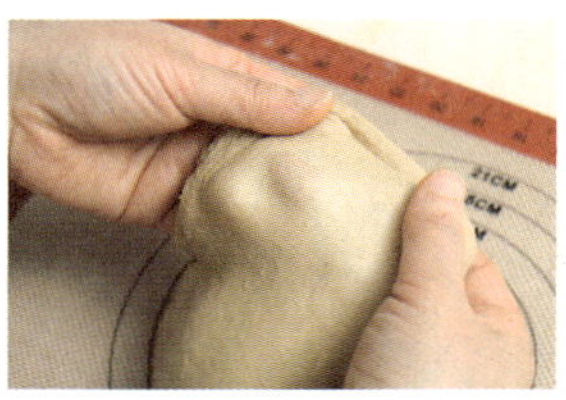

5 반죽을 양손으로 잡고 잡아당겨 손바닥이 비칠 정도로 글루텐이 만들어졌는지 확인한다.

6 건포도를 섞어 반죽을 완성한다.

7 반죽을 동그랗고 매끄럽게 만들어 볼에 넣어 젖은 면포나 랩으로 싸서 윗면이 마르지 않도록 하여 따뜻한 곳(30℃)에서 45~50분 정도 1차 발효시킨다.

8 집게손가락에 밀가루를 듬뿍 묻혀 1차 발효가 끝난 반죽의 중심을 깊이 찔러 구멍이 넓어지지도 좁아지지도 않는 상태가 되었는지 발효점을 확인한다.

9 1차 발효가 끝난 반죽은 작업대로 옮겨 반죽을 밀대로 민다.

10 밀대로 밀어 반죽을 넓고 균일한 두께로 펼친다.

11 크림치즈와 유기농 황설탕을 섞어 만든 스프레드용 크림을 반죽에 골고루 바른다.

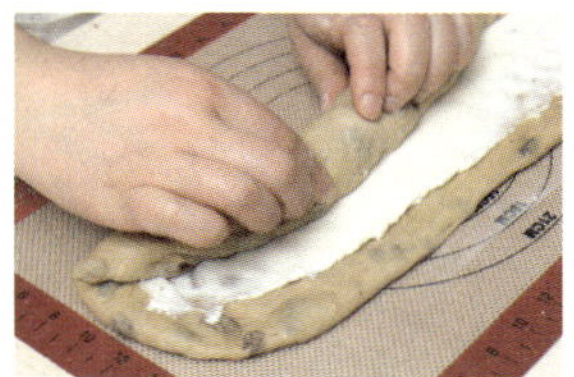

12 반죽의 아래쪽부터 단단하게 말아 올린다.

13 이음매 부분을 손끝으로 꼬집어 단단히 마무리하여 무명실이나 낚싯줄로 9등분한다.

14 윗면에 물칠을 가볍게 하고 스트로이젤을 묻힌다.
Tip 스트로이젤 만드는 법은 23쪽을 참조한다.

15 작은 은박 마들렌틀에 하나씩 넣는다.

16 플라스틱 용기 등으로 덮어 윗면이 마르지 않도록 하여 따뜻한 곳(30℃)에서 45~50분 정도 2차 발효시킨다.

2차 발효 후.

17 170℃로 예열한 오븐에서 12~14분 정도 굽는다.

블루베리빵

요즘은 마트에서도 쉽게 살 수 있는 냉동 블루베리를 넣어 만든 빵이에요.
냉동 블루베리를 잼이나 주스로만 먹지 말고 빵 반죽에도 넣어 보세요.
블루베리는 슈퍼푸드로 불릴 만큼 몸에 좋은 과일로
특히 눈 건강에 좋다고 하니 눈을 많이 쓰는 식구가 있다면 꼭 만들어 보세요.

Yield

4개

Ingredients

우리밀 강력분 350g
유기농 황설탕 50g
소금 6g
인스턴트 드라이이스트 6g
레몬 제스트 1/2개분
무가당 요거트 80g
유정란 50g
물 98g
버터 30g

호두 75g
냉동 블루베리(해동해 수분을 없앤 것) 120g
통밀가루 적당량

Directions

반죽 ▶
1차 발효(45~50분) ▶
중간 발효(15분) ▶
2차 발효(45~50분) ▶
굽기

Oven

160~170℃로 예열한 오븐
15~20분

1 볼에 가루 재료인 우리밀 강력분, 유기농 황설탕, 소금, 인스턴트 드라이이스트, 레몬 제스트를 넣어 잘 섞는다.
Tip 인스턴트 드라이이스트는 유기농 황설탕과 소금에 닿지 않게 주의한다.

2 가루 재료가 고루 섞이면 액체 재료인 무가당 요거트, 유정란, 물을 넣고 마른 가루 없이 반죽을 한 덩어리로 뭉친다.

3 반죽을 작업대로 옮겨 부드러운 버터를 넣는다.

4 버터가 어느 정도 섞이면 밀고, 접고, 치대고, 내리치고를 반복하여 반죽 표면에 작은 기포가 생기고 매끄러워질 때까지 20~25분 정도 반죽한다.

5 반죽이 끝나면 호두를 먼저 섞는다.

6 반죽에 호두가 골고루 섞이면 수분을 없앤 냉동 블루베리를 넣어 으깨지지 않도록 살살 섞는다.

7 반죽을 동그랗고 매끄럽게 만들어 볼에 넣어 젖은 면포나 랩으로 싸서 윗면이 마르지 않도록 하여 따뜻한 곳(30℃)에서 45~50분 정도 1차 발효시킨다.

8 집게손가락에 밀가루를 듬뿍 묻혀 1차 발효가 끝난 반죽의 중심을 깊이 찔러 생긴 구멍이 넓어지지도 좁아지지도 않는 상태가 되었는지 발효점을 확인한다.

9 반죽을 4등분(약 213g씩)한다.

10 반죽의 가스를 빼면서 표면이 매끄러워지도록 둥글리기한다.

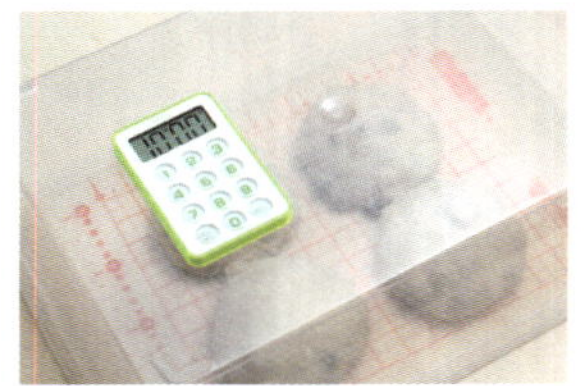

11 볼 등으로 덮어 마르지 않도록 하여 실온에서 15분 정도 중간 발효시킨다.

중간 발효 전.

중간 발효 후.

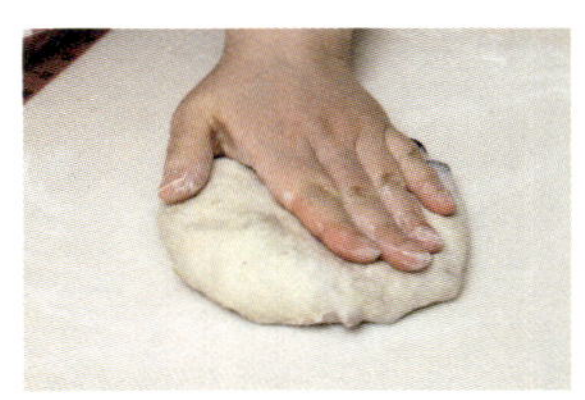

12 중간 발효로 다시 생긴 가스를 손으로 지그시 눌러 뺀다.

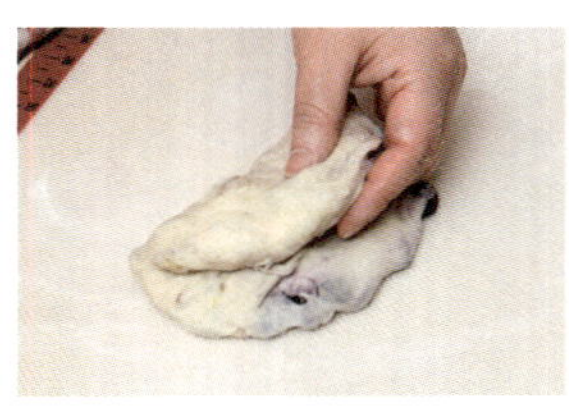

13 반죽을 반으로 접는다.

14 다시 반으로 접는다.

15 접힌 상태에서 봉긋하게 둥글리기한다.

16 팬에 오일을 살짝 바르고 반죽을 올린다.

17 플라스틱 용기 등으로 덮어 윗면이 마르지 않도록 하여 따뜻한 곳(30℃)에서 45~50분 정도 2차 발효시킨다.

18 통밀가루를 체에 넣고 가볍게 뿌린다.

Tip 통밀가루가 없다면 밀가루로 대신한다.

19 160~170℃로 예열한 오븐에서 15~20분 정도 굽는다.

20 팬에서 빼내어 식힘망에 올려 식힌다.

요거트 건포도빵

요거트와 건포도를 듬뿍 넣어 굽는 빵이에요.
요거트를 넣어 쫀득한 식감이 나고 건포도와 호두의 씹히는 맛이 좋아요.
건포도는 호불호가 나뉘는 식품 중 하나로 그냥 먹으려면 많이 못 먹지만
빵에 넣으면 자연 단맛이 나 좋아요.
건포도는 물에 살짝 불려 넣어도 되지만 레드 와인에 미리 재워 두면 더 풍부한 맛이 나요.

Yield

밑지름 6.5cm
은박 마들렌틀 2개

Ingredients

우리밀 강력분 220g
유기농 황설탕 10g
소금 6g
인스턴트 드라이이스트 4g
통밀 풀리시 160g
무가당 요거트 100g
건포도 190g
레드 와인 34g

호두 210g

Ingredients 통밀 풀리시

우리밀 통밀가루 80g
물 80g
인스턴트 드라이이스트 0.5g

Inactive Prep

● 통밀 풀리시는 사용하기 3~4시간 전에 우리밀 통밀가루 80g과 물 80g, 인스턴트 드라이이스트 0.5g을 섞어 실온에서 2배의 부피가 될 때까지 발효시킨다.
● 건포도는 레드 와인에 미리 절여 둔다.

Directions

반죽 ▶
1차 발효(45~50분) ▶
중간 발효(15분) ▶
2차 발효(40~45분) ▶
굽기

Oven

170~180℃로 예열한 오븐
15~20분

1 볼에 가루 재료인 우리밀 강력분, 유기농 황설탕, 소금, 인스턴트 드라이이스트를 넣어 잘 섞는다.
Tip 인스턴트 드라이이스트는 유기농 황설탕과 소금에 닿지 않게 주의한다.

2 가루 재료가 고루 섞이면 미리 만들어 둔 통밀 풀리시와 무가당 요거트를 넣는다.
Tip 통밀 풀리시는 사용하기 3~4시간 전에 만들어 둔다.

3 ②에 건포도를 재우고 남은 레드 와인을 넣는다.

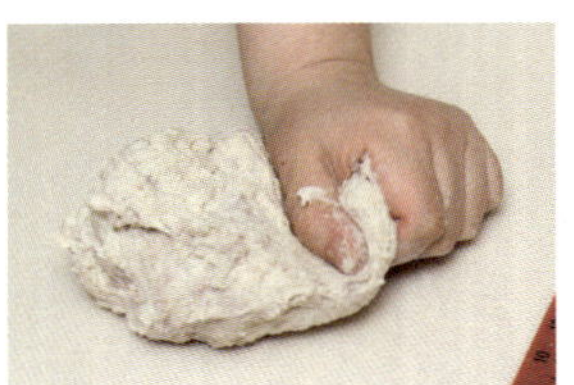

4 반죽을 작업대로 옮겨 밀고, 접고, 치대고, 내리치고를 반복하여 반죽 표면에 작은 기포가 생기고 매끄러워질 때까지 15~20분 정도 반죽한다.

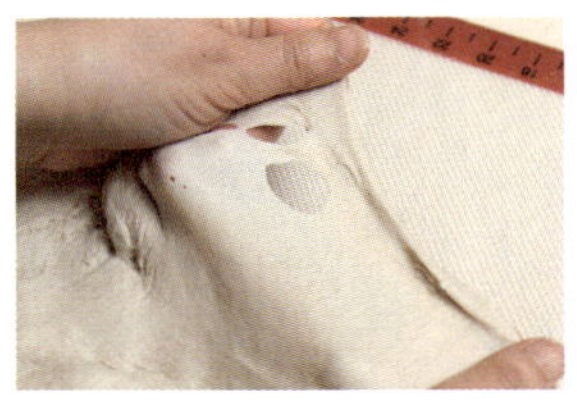

5 반죽을 양손으로 잡고 살짝 잡아당겨 늘어나다가 찢어지는 정도로 글루텐이 만들어졌는지 확인한다.

6 반죽에 레드 와인에 재운 건포도와 호두를 넣어 섞는다.

7 반죽을 동그랗고 매끄럽게 만들어 볼에 넣어 젖은 면포나 랩으로 싸서 윗면이 마르지 않도록 하여 따뜻한 곳(30℃)에서 45~50분 정도 1차 발효시킨다.

8 집게손가락에 밀가루를 듬뿍 묻혀 1차 발효가 끝난 반죽의 중심을 깊이 찔러 생긴 구멍이 넓어지지도 좁아지지도 않는 상태가 되었는지 발효점을 확인한다.

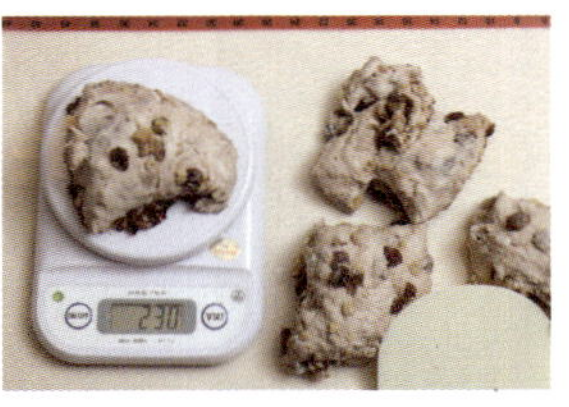

9 반죽을 작업대로 옮겨 4등분(약 230g씩)한다.

10 표면이 매끄러워지도록 둥글리기한다.

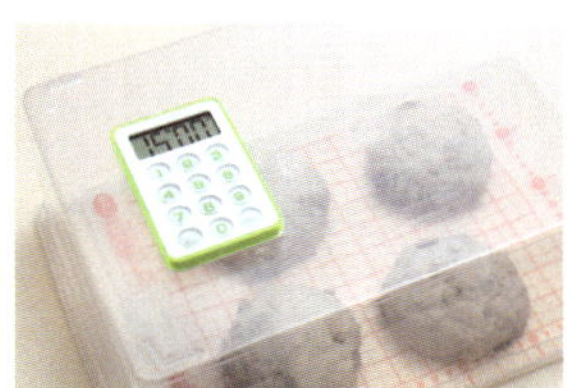

11 플라스틱 용기 등으로 덮어 마르지 않도록 하여 실온에서 15분 정도 중간 발효시킨다.

중간 발효 전.

중간 발효 후.

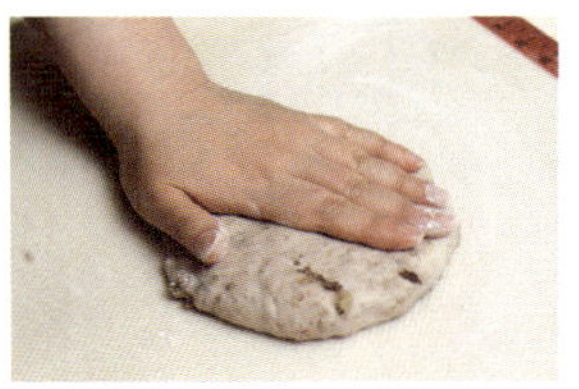

12 중간 발효로 다시 생긴 가스를 손으로 지그시 눌러 뺀다.

13 3절접기한다.

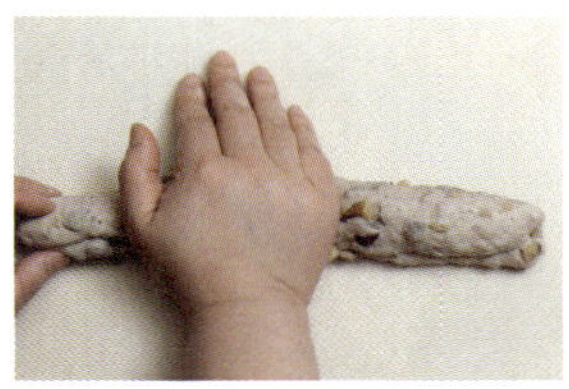

14 막대 모양으로 성형한다.

15 반죽을 일정한 두께가 되도록 하여 20~25cm 길이로 늘인다.

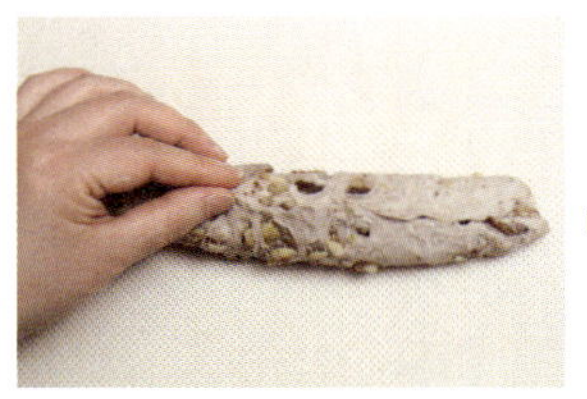

16 이음매 부분, 즉 반죽이 말린 끝부분은 손끝으로 꼬집어 단단히 마무리한다.

17 팬에 오일을 살짝 바르고 성형한 반죽을 올린다.

18 플라스틱 용기 등으로 덮어 윗면이 마르지 않도록 하여 따뜻한 곳(30℃)에서 40~45분 정도 2차 발효시킨다.
Tip 2차 발효시킬 때에는 면포나 랩을 씌우면 들러붙으므로 플라스틱 용기 등으로 덮어 윗면이 마르지 않도록 하여 발효시킨다.

19 170~180℃로 예열한 오븐에서 15~20분 정도 굽는다.

봄
쑥빵

이른 봄이 되면 봄나물을 요리하는 즐거움이 있어요. 어린 쑥이 보이면 저는 이 빵을 구워요.
어린 쑥만 따서 생것 그대로 반죽에 넣으면 쑥 향으로 행복해지거든요. 철이 아니면 데친 쑥으로 만들어야 하지만
이른 봄 생쑥이 가진 향과 맛은 절대 재현할 수 없어요. 그러니 부디 오는 봄을 놓치지 마세요.

Yield

3개

Ingredients

우리밀 강력분 270g
유기농 황설탕 10g
소금 5g
인스턴트 드라이이스트 5g
우유 110g
유정란 56g
꿀 22g
포도씨오일 22g
생쑥 70g

Inactive Prep

봄의 어린 쑥은 데치지 말고 물에 씻어 물기를 잘 털어 낸 후 적당히 잘라 그대로 사용하면 된다. 제철이 아닌 계절에는 데쳐 냉동해 둔 쑥을 사용한다.

Directions

반죽 ▶
1차 발효(45~50분) ▶
중간 발효(10~15분) ▶
2차 발효(45~50분) ▶
굽기

Oven

170~180℃로 예열한 오븐
15~17분

1 볼에 가루 재료인 우리밀 강력분. 유기농 황설탕. 소금. 인스턴트 드라이이스트를 넣어 잘 섞는다.
Tip 인스턴트 드라이이스트는 유기농 황설탕과 소금에 닿지 않게 주의한다.

2 가루 재료가 고루 섞이면 액체 재료인 우유, 유정란. 꿀, 포도씨오일을 넣고 마른 가루 없이 반죽을 한 덩어리로 뭉친다.

3 반죽이 한 덩어리로 뭉쳐지면 작업대로 옮겨 밀고, 접고, 치대고, 내리치고를 반복하여 반죽 표면에 작은 기포가 생기고 매끄러워질 때까지 20분 정도 반죽한다.

4 쑥을 섞어 반죽을 완성한다.
Tip 어린 쑥이 아니면 식감이 질길 수 있으니 꼭 어린 생쑥을 넣는다.

5 반죽을 동그랗고 매끄럽게 만들어 볼에 넣어 젖은 면포나 랩으로 싸서 윗면이 마르지 않도록 하여 따뜻한 곳(30℃)에서 45~50분 정도 1차 발효시킨다.

6 집게손가락에 밀가루를 듬뿍 묻혀 1차 발효가 끝난 반죽의 중심을 깊이 찔러 생긴 구멍이 넓어지지도 좁아지지도 않는 상태가 되었는지 발효점을 확인한다.

7 반죽을 3등분(약 190g씩)한다.

8 표면이 매끄러워지도록 둥글리기한다.

9 플라스틱 용기 등으로 덮어 실온에서 10~15분 정도 중간 발효시킨다.

중간 발효 전.

중간 발효 후.

  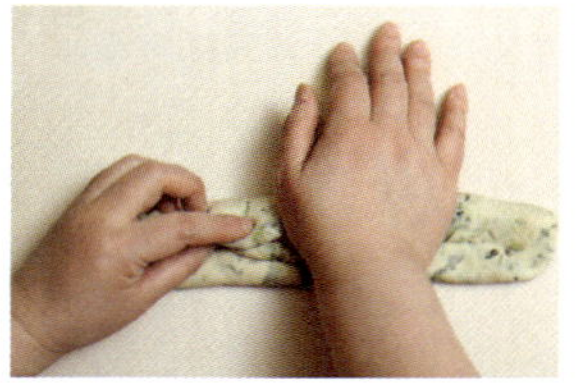 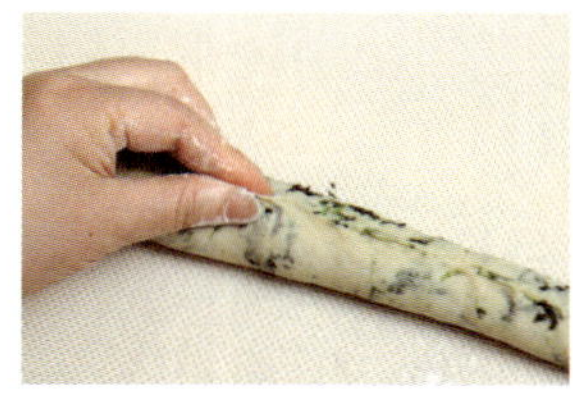

10 중간 발효가 완료된 반죽의 중심을 기준으로 중심에서 위, 중심에서 아래로 밀대를 밀어 가스를 빼면서 반죽을 펼친다.

11 3절접기한다.

12 반죽을 손목으로 누르면서 3번에 나눠 돌돌 만다.

13 이음매를 손가락으로 꼭꼭 꼬집어 마무리한다.

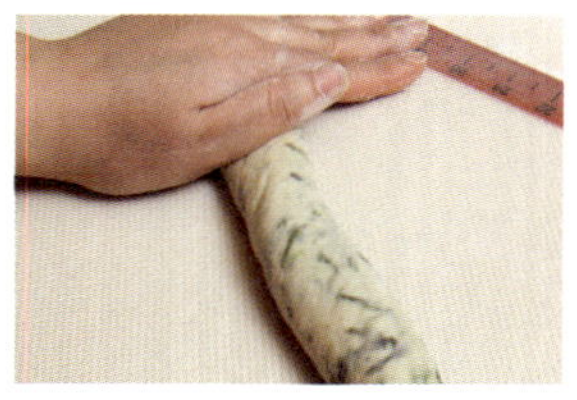 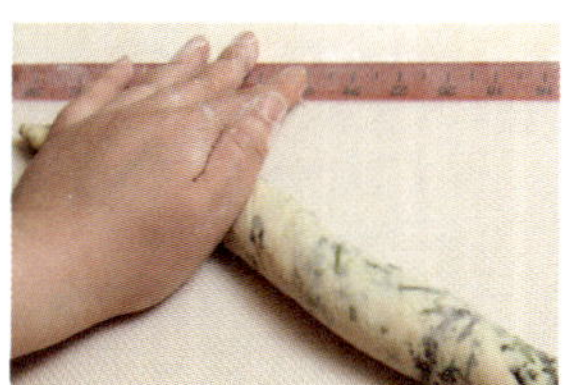  

14 막대 모양으로 길게 반죽을 늘인다.

15 반죽의 끝을 뾰족하게 마무리한다.

16 반죽을 위아래로 살살 둥글려 40~45cm 정도의 길이로 늘인다.

17 꽈배기 모양으로 성형한다.

18 팬에 오일을 얇게 바르고 팬닝한다.

19 플라스틱 용기 등으로 덮어 윗면이 마르지 않도록 하여 따뜻한 곳(30℃)에서 45~50분 정도 2차 발효시킨다.

20 170~180℃로 예열한 오븐에서 15~17분 정도 굽는다.

햇양파빵

밥처럼 먹는 빵. 저는 빵도 계절에 따라 달리 구워 먹어요.
햇양파가 나오는 초여름에 만들면 더욱 맛있는 빵이 바로 양파빵이에요. 싱싱한 단물이 배어나오는
햇양파를 반죽에 올려 구워도 좋고 반죽에 넣어 돌돌 말아 구워도 좋아요.

Yield

6개

Ingredients

우리밀 강력분 190g
우리밀 중력분 53g
유기농 황설탕 22g
소금 4g
인스턴트 드라이이스트 4g
우유 80g
물 72g
유정란 22g
버터 15g
다진 양파 25g

달걀물 약간

Topping Ingredients

볶은 양파 적당량
베이컨(사방 1cm로 자른 것)
적당량
마요네즈 적당량
후춧가루 적당량
피자치즈 적당량

Inactive Prep

● 토핑 재료 중 볶은 양파, 베이컨,
마요네즈, 후춧가루는 반죽을 중간
발효시키는 동안 미리 섞어 둔다.
● 달걀물은 달걀과 우유를 동량으
로 섞어 준비한다.

Directions

반죽 ▶
1차 발효(45~50분) ▶
중간 발효(10분) ▶
2차 발효(40~45분) ▶
굽기

Oven

160~170℃로 예열한 오븐
12~14분

1 볼에 가루 재료인 우리밀 강력분, 우리밀 중력분, 유기농 황설탕, 소금, 인스턴트 드라이이스트를 넣어 잘 섞는다.
Jip 인스턴트 드라이이스트는 유기농 황설탕과 소금에 닿지 않게 주의한다.

2 가루 재료가 고루 섞이면 액체 재료인 우유와 물, 유정란을 넣어 마른 가루 없이 반죽을 한 덩어리로 뭉친다.

3 반죽이 한 덩어리로 뭉쳐지면 작업대로 옮겨 부드러운 버터를 넣어 섞는다.

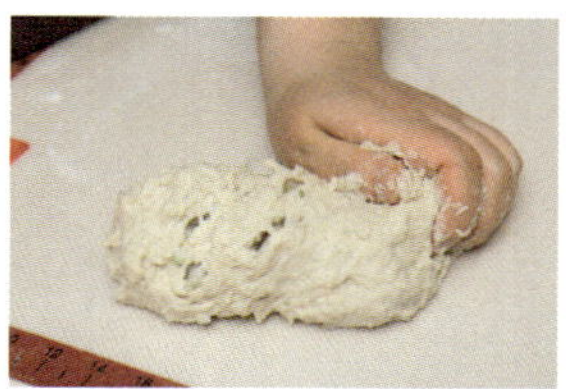

4 밀고, 접고, 치대고, 내리치고를 반복해 반죽의 표면에 작은 기포가 생기고 매끄러워질 때까지 15~20분 정도 반죽한 다음 다진 양파를 넣는다.
Jip 다진 양파는 살짝 볶아 넣어도 좋다.

5 반죽을 동그랗고 매끄럽게 만들어 볼에 넣어 젖은 면포나 랩으로 싸서 윗면이 마르지 않도록 하여 따뜻한 곳(30℃)에서 45~50분 정도 1차 발효시킨다.

6 집게손가락에 밀가루를 듬뿍 묻혀 1차 발효가 끝난 반죽의 중심을 깊이 찔러 생긴 구멍이 넓어지지도 좁아지지도 않는 상태가 되었는지 발효점을 확인한다.

7 반죽을 6등분(약 74g씩)하여 가스를 뺀 다음 표면이 매끄럽도록 둥글리기한다.

8 플라스틱 용기 등으로 덮어 실온에서 10분 정도 중간 발효시킨다.

중간 발효 후.

9 반죽의 중심에 밀대를 대고 중심을 기준으로 위 또는 아래로 밀어 타원형을 만든다.

10 반죽의 가장자리에서 1.5cm 안쪽을 손가락으로 누른다.

11 손가락으로 누른 안쪽 반죽에 포크 자국을 낸다.

12 팬에 오일을 살짝 바르고 성형한 반죽을 올린 다음 미리 버무려 놓은 볶은 양파, 베이컨, 마요네즈, 후춧가루를 적당히 얹고 플라스틱 용기 등으로 덮어 윗면이 마르지 않도록 하여 따뜻한 곳(30℃)에서 40~45분 정도 2차 발효시킨다.

Tip 2차 발효시킬 때에는 면포나 랩을 씌우면 들러붙으므로 플라스틱 용기 등으로 덮어 윗면이 마르지 않도록 하여 발효시킨다.

13 2차 발효가 끝나면 표면이 다치지 않게 주의하며 달걀물을 얇게 칠한다.

14 피자치즈를 뿌려 160~170℃로 예열한 오븐에서 12~14분 정도 굽는다.

건포도빵

요즘 유통되는 건포도는 대부분이 캘리포니아산인데요.
캘리포니아의 해풍으로 인해 모래가 씹히는 건포도도 있고
서로 엉겨 붙거나 너무 건조되는 것을 막기 위해 식물성 유지를 도포제로 사용한다고 하네요.
그래서 건포도는 끓는 물에 데쳐 흐르는 물에 여러 번 헹궈 채반에 밭쳐 물기를 빼서 사용해요.
이렇게 전처리를 해도 좋고 레드 와인이나 럼에 재워 냉장고에 보관해 사용해도 좋아요.
건포도를 즐겨 먹는 분들에게 추천하는 빵이에요.

Yield

4개

Ingredients

우리밀 강력분 266g
마스코바도(또는 유기농 흑설탕) 50g
소금 5g
인스턴트 드라이이스트 5g
발효종 114g
우유 113g
유정란 60g
버터 63g
전처리한 건포도 150g

Inactive Prep

건포도는 끓는 물에 살짝 데쳐 찬 물에 주물러 여러 번 헹궈 체에 밭쳐 물기를 빼서 레드 와인에 재워 사용한다.

Directions

반죽 ▶
1차 발효(45~50분) ▶
중간 발효(10~15분) ▶
2차 발효(45~50분) ▶
굽기

Oven

200℃로 예열한 오븐 물 스프레이
180~190℃ 15~20분

1 볼에 가루 재료인 우리밀 강력분, 마스코바도, 소금, 인스턴트 드라이이스트를 넣어 잘 섞는다.

Tip 인스턴트 드라이이스트는 유기농 황설탕과 소금에 닿지 않게 주의한다. 마스코바도는 비정제 설탕으로 본연의 달콤한 향이 인공적인 캐러멜 향료보다 더 감칠맛을 낸다.

2 가루 재료가 고루 섞이면 발효종, 우유, 유정란을 넣고 마른 가루 없이 반죽을 한 덩어리로 뭉친다.

Tip 발효종이 준비되지 않은 경우 우리밀 강력분 68g, 소금 1.3g, 인스턴트 드라이이스트 0.7g, 물 46g을 더 넣어 반죽한다. 이때 소량 계량이 가능한 스푼 전자저울로 계량한다.

3 반죽이 한 덩어리로 뭉쳐지면 작업대로 옮겨 부드러운 버터를 넣고 섞는다.

4 밀고, 접고, 치대고, 내리치고를 반복하여 반죽 표면에 작은 기포가 생기고 매끄러워질 때까지 20분 정도 반죽한다.

5 반죽이 끝나면 뜨거운 물에 데쳐 불순물과 기름 성분을 씻어내고 물기를 빼서 와인에 재워 전처리한 건포도를 섞어 반죽을 완성한다.

6 반죽을 동그랗고 매끄럽게 만들어 볼에 넣어 젖은 면포나 랩으로 싸서 윗면이 마르지 않도록 하여 따뜻한 곳(30℃)에서 45~50분 정도 1차 발효시킨다.

7 집게손가락에 밀가루를 듬뿍 묻혀 1차 발효가 끝난 반죽의 중심을 깊이 찔러 생긴 구멍이 넓어지지도 좁아지지도 않는 상태가 되었는지 발효점을 확인한다.

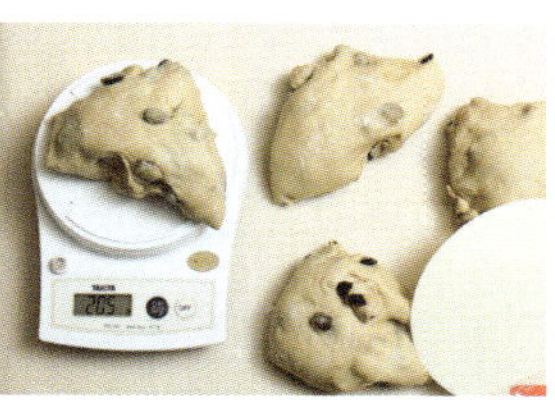

8 반죽을 4등분(약 205g씩)한다.

9 표면이 매끄러워지도록 둥글리기한다.

중간 발효 전.

중간 발효 후.

1O 플라스틱 용기 등으로 덮어 실온에서 10~15분 정도 중간 발효시킨다.

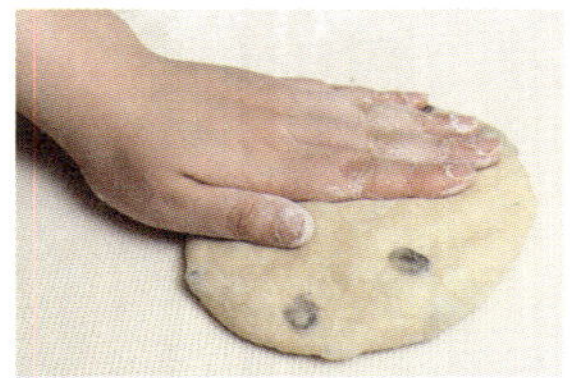

11 중간 발효로 다시 생긴 가스를 손으로 지그시 눌러 뺀다.

12 3절접기한다.

13 윗부분을 삼각형 모양으로 접는다.

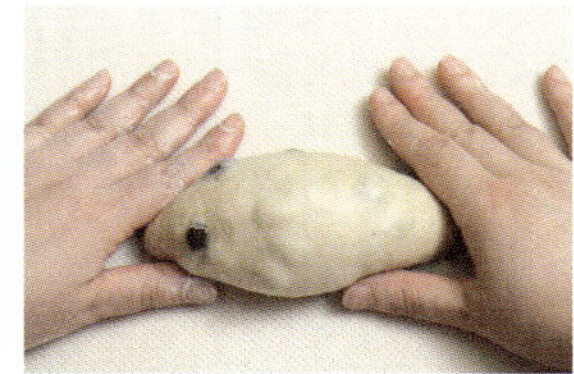

14 볼륨감 있게 돌돌 말아 성형한다.

15 이음매 부분, 즉 반죽이 말린 끝부분은 손끝으로 꼬집어 단단히 마무리한다.

16 팬에 오일을 얇게 바르고 팬닝한다.

17 플라스틱 용기 등으로 덮어 윗면이 마르지 않도록 하여 따뜻한 곳(30℃)에서 45~50분 정도 2차 발효시킨다.

18 2차 발효가 끝나면 통밀가루를 가볍게 뿌린다.

19 가스가 빠지지 않게 주의하며 쿠프(칼집)를 낸다.

2O 200℃로 예열한 오븐에 물 스프레이로 스팀을 주고 반죽을 넣어 180~190℃로 온도를 낮춰 15~20분 정도 굽는다.

검은깨롤

검은깨, 검은콩, 흑미, 다시마 등 블랙푸드가 건강 식재료로 주목을 받고 있죠.
최근 검은깨에서 항산화물질이 발견되면서 발암억제 작용에 대한 연구가 활발히 진행되고 있다고 해요.
검은깨는 죽을 쑤어 먹거나 음식 고명 정도로 사용하는데요,
몸에 좋은 검은깨를 빵 반죽에 갈아 넣거나 토핑으로 올려 고소한 맛을 즐길 수 있어요.
샐러드와 함께 아침식사용 빵으로 먹기 좋아요.

Yield

19.5(가로)×19.5(세로)×4.5(높이)cm

사각틀 1개

Ingredients

우리밀 강력분 250g
마스코바도(또는 유기농
황설탕이나 일반 흑설탕) 38g
검은깨가루 15g
소금 5g
인스턴트 드라이이스트 5g
유정란 58g
우유 72g
생크림 30g
물 16g
버터 30g

볶은 참깨 적당량
볶은 검은깨 적당량

Directions

반죽 ▶
1차 발효(50분) ▶
중간 발효(10분) ▶
2차 발효(45~50분) ▶
굽기

Oven

170℃로 예열한 오븐 15~20분

How to make

1 볼에 가루 재료인 우리밀 강력분, 마스코바도, 검은깨가루, 소금, 인스턴트 드라이이스트를 넣어 잘 섞는다.
Tip 인스턴트 드라이이스트는 유기농 황설탕과 소금에 닿지 않게 주의한다. 마스코바도는 비정제 설탕으로 본연의 달콤한 향이 있어 인공적인 캐러멜 향료보다 더 감칠맛을 낸다.

2 가루 재료가 고루 섞이면 액체 재료인 유정란, 우유, 물, 생크림을 넣고 마른 가루 없이 반죽을 한 덩어리로 뭉친다.

3 반죽이 한 덩어리로 뭉쳐지면 작업대로 옮겨 부드러운 버터를 섞는다.

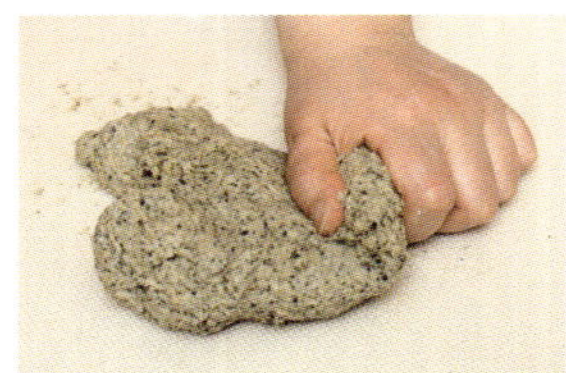

4 밀고, 접고, 치대고, 내리치고를 반복하여 반죽 표면에 작은 기포가 생기고 매끄러워질 때까지 15~20분 정도 반죽한다.

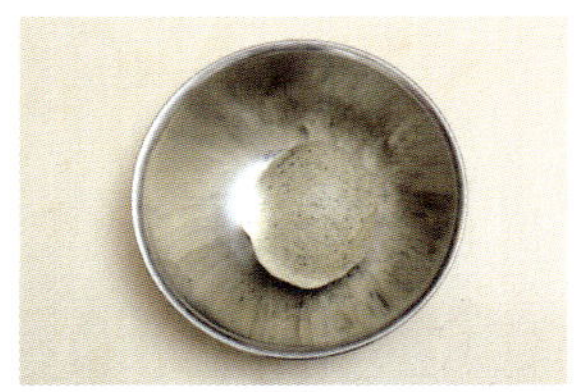

5 반죽을 동그랗고 매끄럽게 만들어 볼에 넣는다.

6 젖은 면포나 랩으로 싸서 윗면이 마르지 않도록 하여 따뜻한 곳(30℃)에서 50분 정도 1차 발효시킨 후 집게손가락에 밀가루를 듬뿍 묻혀 반죽의 중심을 깊이 찔러 생긴 구멍이 넓어지지도 좁아지지도 않는 상태가 되었는지 발효점을 확인한다.

7 반죽을 16등분(약 30g씩)한다.

8 표면이 매끄러워지도록 둥글리기한다.

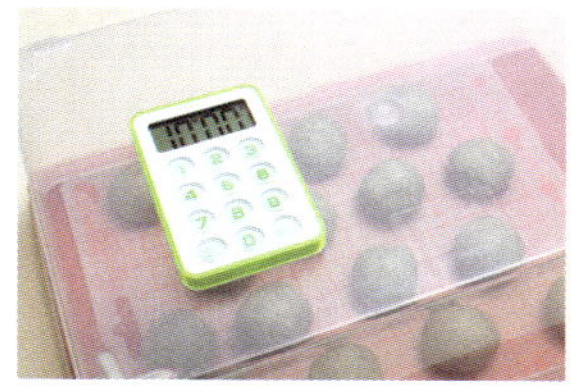

9 플라스틱 용기 등으로 덮어 실온에서 10분 정도 중간 발효시킨다.

중간 발효 전.

중간 발효 후.

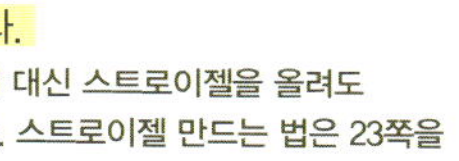

10 중간 발효 중 생긴 가스를 빼면서 표면이 매끄럽고 봉긋하게 되도록 둥글게 성형한다.

11 이음매 부분을 손끝으로 쥐고 물에 적신다.

Tip 이렇게 해야 깨가 잘 붙는다.

12 물에 적신 반죽에 참깨와 검은깨를 각각 묻힌다.

Tip 깨 대신 스트로이젤을 올려도 맛있다. 스트로이젤 만드는 법은 23쪽을 참조한다.

13 팬에 오일을 살짝 바르고 참깨와 검은깨를 묻힌 반죽을 교차 팬닝한다.

14 플라스틱 용기 등으로 덮어 윗면이 마르지 않도록 하여 따뜻한 곳(30℃)에서 45~50분 정도 2차 발효시킨다.

15 170℃로 예열한 오븐에서 15~20분 정도 굽는다.

16 구워지면 틀에서 빼내어 식힘망에 올려 식힌다.

샌드위치
식빵

갓 구워 말랑말랑할 때 달콤한 잼을 발라 먹어도 맛있고 샌드위치를 만들어 먹는 기본 빵이에요.
19세기 후반 미국의 발명가인 조지 풀먼의 기차 모양과 닮은 빵이라 하여 풀먼 브레드(Pullman Bread)라고 한답니다.
식빵틀의 뚜껑을 덮어 사각형으로 굽기도 하고 뚜껑을 열고 굽기도 해요. 뚜껑을 덮지 않고 구우면
훨씬 폭신폭신 부드러워요.

Yield
17.5(가로)×12.5(세로)×13(높이)cm
식빵틀 1개

Ingredients

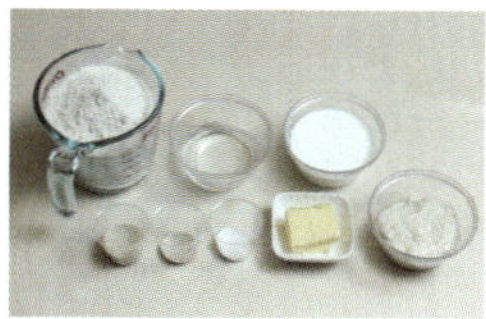

우리밀 강력분 300g
유기농 황설탕 18g
소금 6g
인스턴트 드라이이스트 5g
우유 127g
물 70g
발효종 100g
버터 18g

Inactive Prep
발효종 만드는 법은 22쪽을 참조한다.

Directions
반죽 ▶
1차 발효(50분) ▶
중간 발효(15분) ▶
2차 발효(틀 아래 1cm) ▶
굽기

Oven
190℃로 예열한 오븐 15분 ▶
170℃ 15분

1 볼에 가루 재료인 우리밀 강력분, 유기농 황설탕, 소금, 인스턴트 드라이이스트를 넣어 잘 섞는다.

Tip 인스턴트 드라이이스트는 유기농 황설탕과 소금에 닿지 않게 주의한다. 설탕, 소금과 닿으면 활성을 잃어 발효력이 떨어진다.

2 가루 재료가 고루 섞이면 우유, 물, 발효종을 넣고 마른 가루가 보이지 않도록 잘 섞는다.

Tip 발효종이 준비되지 않은 경우 우리밀 강력분 60g, 소금 1g, 인스턴트 드라이이스트 0.7g, 물 40g을 더 넣어 반죽한다. 이때 소량 계량이 가능한 스푼 전자저울로 계량한다.

3 반죽이 한 덩어리로 뭉쳐지면 작업대에 올려 부드러운 버터를 얹고 손반죽을 시작한다.

Tip 우리밀로 발효빵을 만들 때에는 반죽이 한 덩어리로 뭉쳐진 다음 어느 정도 치대어 버터를 넣어 반죽한다. 우리밀은 글루텐이 적게 생겨 글루텐 형성을 방해하는 버터를 일찍 넣으면 식감도 푸석하고 볼륨도 작다.

4 반죽 표면에 작은 기포가 생기고 매끄러워질 때까지 밀고, 접고, 치대고, 내리치고를 20~25분 정도 반복하여 반죽한다.

5 반죽을 동그랗고 매끄럽게 만들어 볼에 넣어 젖은 면포나 랩으로 싸서 윗면이 마르지 않도록 하여 따뜻한 곳(30℃)에서 50분 정도 1차 발효시킨다.

6 집게손가락에 밀가루를 듬뿍 묻혀 1차 발효가 끝난 반죽의 중심 부분을 깊숙이 찔러 보아 생긴 구멍이 넓어지지도 좁아지지도 않는 상태가 되는지 발효점을 확인한다.

Tip 발효점은 손가락으로 찔러 보았을 때 생기는 구멍의 모양으로 확인하는데 이를 발효점 테스트라고 한다. 구멍이 오므라들면 아직 발효가 덜 된 상태, 확 넓어지면 과발효된 상태다. 손가락 모양대로 만들어지면 발효가 적당히 된 것이다.

7 발효점을 확인한 후에 반죽을 작업대에 올려 두 덩어리(약 322g)로 나눈다.

8 분할한 반죽을 지그시 눌러 가스를 뺀다.

Kelp me!

반죽을 지그시 눌러 가스를 빼야 한다. 크고 작은 기포를 잘고 고르게 균일한 크기로 만들기 위해 필요한 과정인데 너무 강하게 누르면 표피가 찢어져 2차 발효에 영향을 주게 되어 표면은 거칠고 빵의 크기도 작다.

9 표면이 매끄러워지도록 둥글린다.

10 플라스틱 용기 등으로 덮어 마르지 않도록 하여 실온에서 15분 정도 중간 발효시킨다.

중간 발효 후.

11 반죽을 가볍게 둥글리기해 가스를 살짝 뺀다.

12 반죽의 중심을 기준으로 밀대를 위아래로 움직여 가스를 뺀다.

13 펼친 반죽을 3절접기 한다.

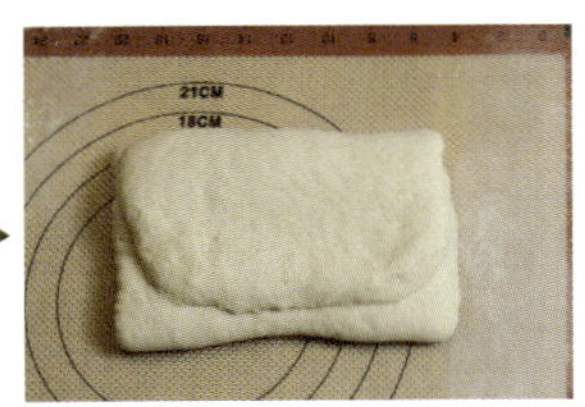

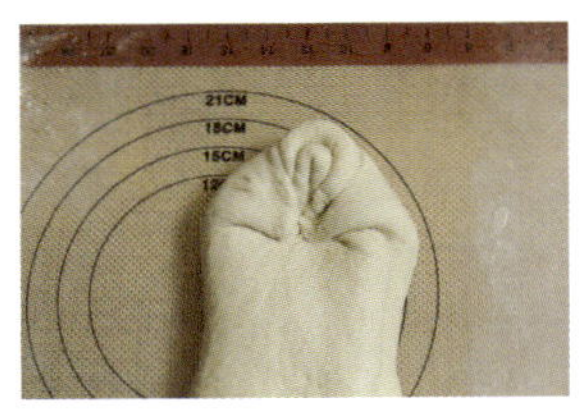

14 윗부분을 삼각형으로 접는다.

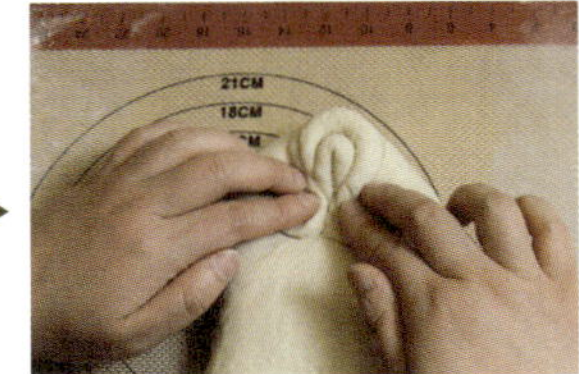

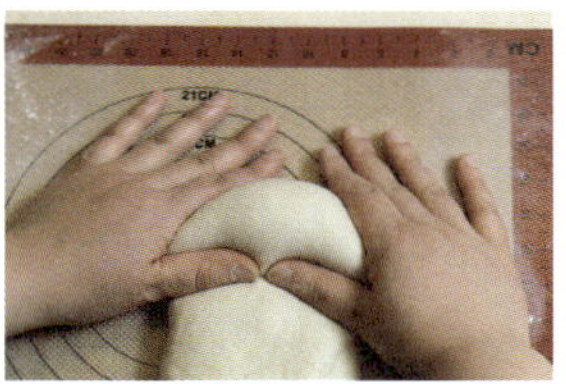

15 돌돌 만다.

16 이음 부분, 즉 반죽이 말린 끝부분은 꼬집듯이 집어 단단히 마무리한다.
Tip 뚜껑을 열고 구울 경우 단단히 마무리하지 않으면 오븐에 구울 때 팽창되는 힘 때문에 밑이 터져서 원하는 높이나 모양이 나오지 않는다.

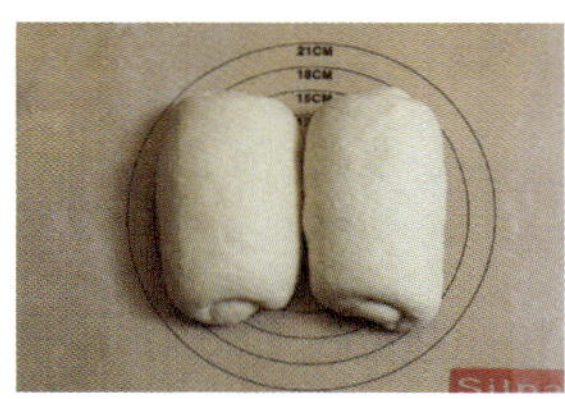

17 남은 반죽도 같은 방법으로 성형한다.

18 식빵틀 안쪽에 오일을 얇게 바르고 두 덩어리의 반죽을 균형 있게 잘 맞춰 팬닝한다.
Tip 팬닝이란 성형한 반죽을 빵틀에 채우거나 철판에 나열하는 것을 뜻한다.

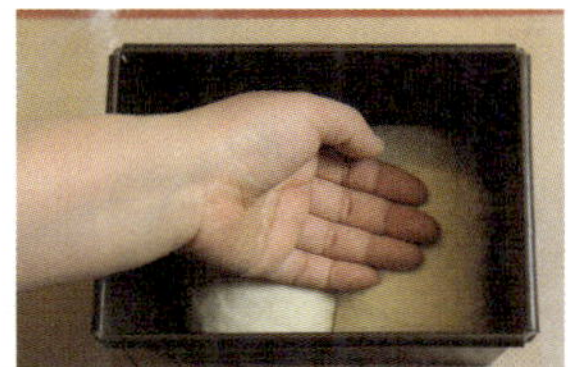

19 윗면을 손등으로 살짝 누른다.

20 따뜻한 곳(30℃ 정도)에서 틀 아래 1cm까지 부풀어 오를 때까지 2차 발효시킨다.

21 뚜껑을 덮는다.

22 190℃로 예열한 오븐에서 15분 정도 구운 다음 170℃로 오븐 온도를 낮춰 15분 정도 더 굽는다.
Tip 오븐의 실제 온도는 제각각이라서 레시피에 제시된 온도로 구워도 굽는 과정에서 실패하는 경우도 있다. 첫 예열을 동일하게 한 다음 적당한 구움색이 나는지 확인하며 온도를 조절해 굽는다. 베이킹 재료상에서 판매하는 오븐 온도계를 사용하면 편리하다.

23 다 구워지면 틀에서 빼내 식힘망에 올려 식힌다.

우유
식빵

저희 아이들이 우유를 좋아하지 않아서 식빵을 만들 때는 항상 우유를 듬뿍 넣고 만들곤 하는데요.
마시는 우유는 싫다면서 우유 식빵은 정말 맛있다며 잘 먹어요. 냉장고에 유통기한이 얼마 남지 않은 우유나
냉동해 둔 우유가 있을 때 만들어 보세요.

Yield

21.5(가로)×9.5(세로)×9(높이)cm
식빵틀 1개

Ingredients

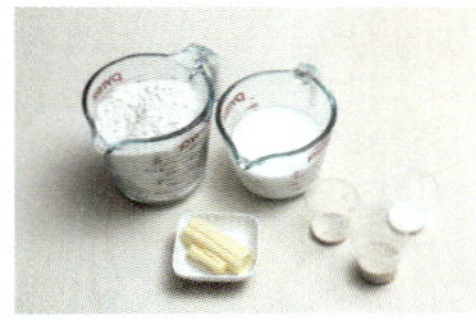

우리밀 강력분 300g
유기농 황설탕 20g
소금 6g
인스턴트 드라이이스트 5g
우유 215g
버터 24g

달걀물 약간

Inactive Prep

달걀물은 유정란과 우유를 동량으
로 섞어 준비한다.
생각보다 적은 양이 사용되므로 조
금씩 만들어 사용한다.

Directions

반죽 ▶
1차 발효(45~50분) ▶
중간 발효(15분) ▶
2차 발효(틀 높이까지) ▶
굽기

Oven

180℃로 예열한 오븐 15분 ▶
160℃ 10~15분

1 볼에 가루 재료인 우리밀
강력분, 유기농 황설탕, 소금,
인스턴트 드라이이스트를 넣어 잘
섞는다.
Jip 인스턴트 드라이이스트는
유기농 황설탕, 소금과 닿지 않게
주의한다. 설탕, 소금과 닿으면 활성을
잃어 발효력이 떨어진다.

2 가루 재료가 고루 섞이면
액체 재료인 우유를
넣어 마른 가루 없이 반죽을
한 덩어리로 뭉친다.

3 작업대로 옮겨 부드러운
버터를 넣는다.

4 반죽 표면에 작은 기포가
생기고 매끄러워질 때까지
밀고, 접고, 치대고, 내리치고를
20~25분 정도 반복하여 반죽한다.

5 반죽을 얇게 늘려
손가락이 비쳐질 정도로
글루텐이 만들어졌는지 확인한다.

6 반죽을 동그랗고 매끄럽게
만들어 볼에 넣어 젖은
면포나 랩으로 싸서 윗면이 마르지
않도록 하여 따뜻한 곳(30℃)에서
45~50분 정도 1차 발효시킨다.

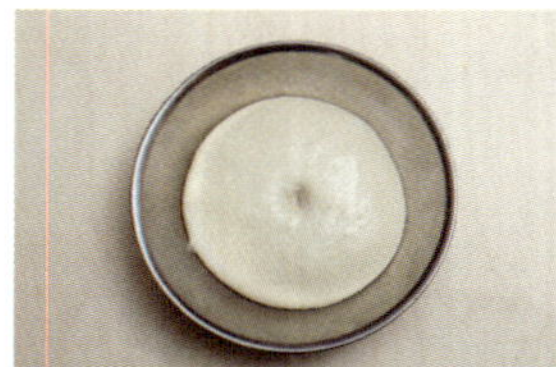

7 집게손가락에 밀가루를 듬뿍 묻혀 1차 발효가 끝난 반죽의 중심을 깊숙이 찔러 보아 생긴 구멍이 넓어지지도 좁아지지도 않는 상태가 되는지 발효점을 확인한다.

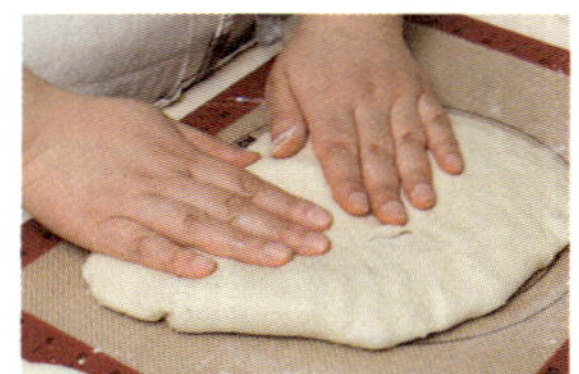

8 1차 발효가 끝난 반죽을 지그시 눌러 가스를 뺀다.

9 표면이 매끄럽도록 둥글리기한다.

10 볼 등으로 덮어 마르지 않도록 하여 실온에서 15분 정도 중간 발효시킨다.

중간 발효한 모습.

11 중간 발효 중 다시 생긴 가스를 지그시 눌러 빼고 손으로 눌러서 모양을 잡거나 밀대를 이용해 타원형으로 펼친다.

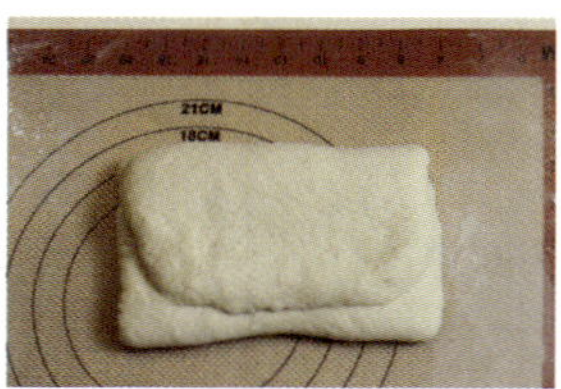

12 타원형으로 펼친 반죽을 3절접기(23쪽 참조)한다.

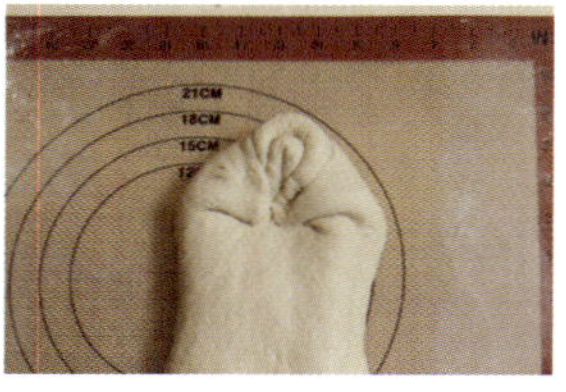

13 윗부분을 삼각형으로 접는다.

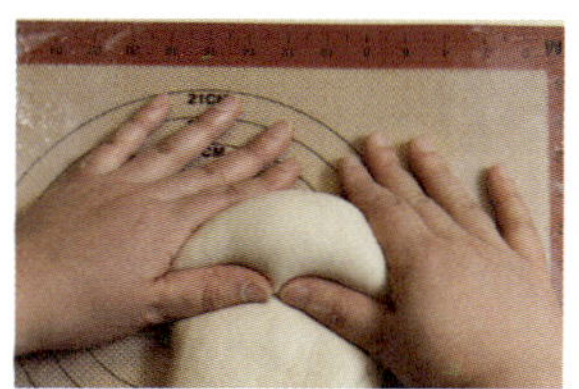

14 돌돌 말아 접는다.

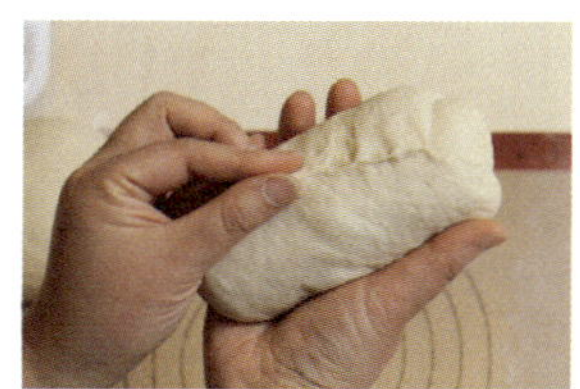

15 이음매 부분. 즉 반죽이 말린 끝부분은 손가락으로 꼬집어 단단히 마무리한다.

16 식빵틀 안쪽에 오일을 얇게 바르고 반죽을 균형 있게 잘 맞춰 팬닝한다.

생크림 솜살식빵

케이크를 만들고 남은 생크림으로는 크림 파스타나 수프를 만들기도 하지만
식빵을 만들어 먹으면 정말 맛있어요. 보들보들한 식감이 매력적인 빵이거든요.
엄마표 저당도 딸기잼이나 사과잼을 만들어 발라 먹어도 맛있어요.
저당도 잼은 과육 대비 설탕을 50~60% 정도 넣고 끓이다가 레몬즙을 약간 넣어 섞으면 돼요.

Yield

21.5(가로)×9.5(세로)×9(높이)cm
식빵틀 1개

Ingredients

우리밀 강력분 300g
유기농 황설탕 23g
소금 5g
인스턴트 드라이이스트 5g
물 58g
우유 84g
생크림 98g

Directions

반죽 ▶
1차 발효(45~50분) ▶
중간 발효(15분) ▶
2차 발효(틀 위 0.5cm) ▶
굽기

Oven

180℃로 예열한 오븐 10분 ▶
160℃ 15~20분

1 볼에 가루 재료인 우리밀 강력분, 유기농 황설탕, 소금, 인스턴트 드라이이스트를 넣어 잘 섞는다.
Tip 인스턴트 드라이이스트는 유기농 황설탕, 소금과 닿지 않게 주의한다.

2 가루 재료가 고루 섞이면 액체 재료인 물, 우유, 생크림을 넣는다.

3 마른 가루 없이 반죽을 한 덩어리로 뭉친다.

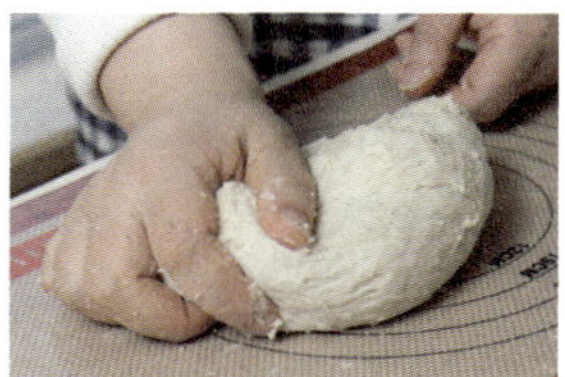

4 작업대로 옮겨 반죽 표면에 작은 기포가 생기고 매끄러워질 때까지 밀고, 접고, 치대고, 내리치고를 20~25분 정도 반복하여 반죽한다.

5 반죽을 동그랗고 매끄럽게 만들어 볼에 넣고 젖은 면포나 랩으로 싸서 윗면이 마르지 않도록 하여 따뜻한 곳(30℃)에서 45~50분 정도 1차 발효시킨다.

6 집게손가락에 밀가루를 듬뿍 묻혀 1차 발효가 끝난 반죽의 중심 부분을 깊숙이 찔러 보아 생긴 구멍이 넓어지지도 좁아지지도 않는 상태가 되는지 발효점을 확인한다.

7 1차 발효가 끝난 반죽은 지그시 눌러 가스를 뺀다.

8 표면이 매끄러워지도록 둥글리기한다.

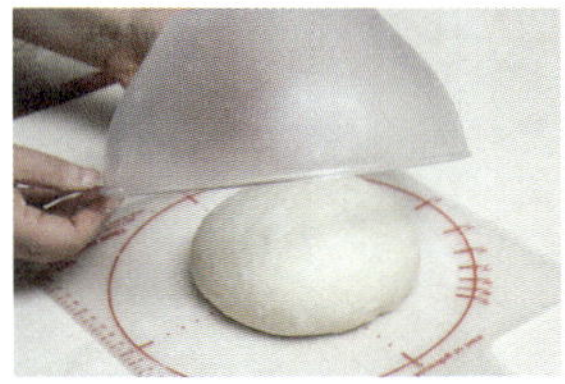 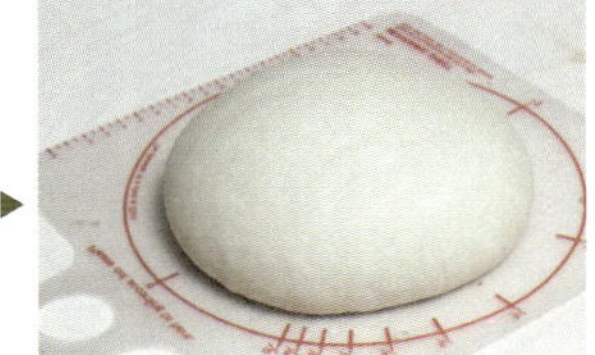

9 볼 등으로 덮어 마르지 않도록 하여 실온에서 15분 정도 중간 발효시킨다.

 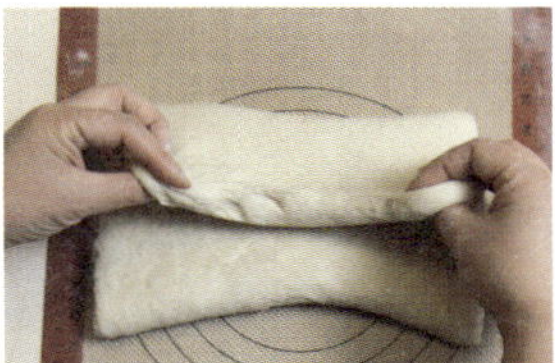 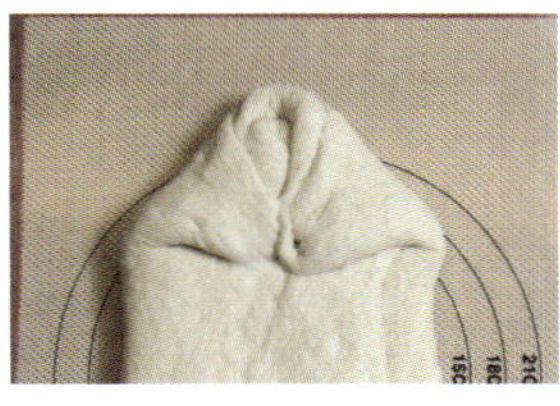 

10 반죽의 중심을 기준으로 밀대를 위아래로 밀어 가스를 빼며 반죽을 타원형으로 펼친다.

11 타원형으로 펼친 반죽을 3절접기(23쪽 참조)한다.

12

13 돌돌 말아 접는다.

 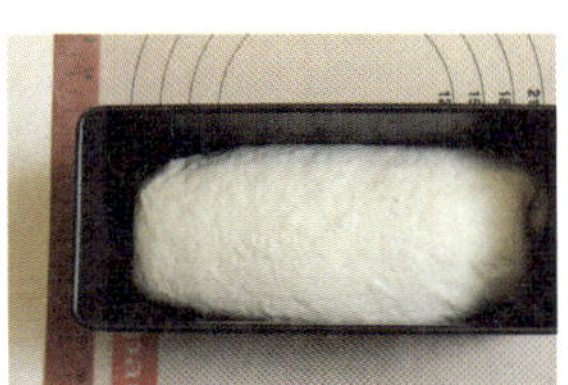

14 이음매 부분, 즉 반죽이 말린 끝부분은 손끝으로 꼬집어 단단히 마무리한다.

15

16 표면이 마르지 않게 하여 따뜻한 곳(30℃)에 두어 틀 위 0.5cm까지 부풀어 오르도록 2차 발효시킨다.

Tip 2차 발효시킬 때에는 면포나 랩을 씌우면 들러붙으므로 플라스틱 용기 등으로 덮어 윗면이 마르지 않도록 하여 발효시킨다.

17 180℃로 예열한 오븐에서 10분 정도 굽고 160℃에서 15~20분 정도 굽는다.

18 다 구워지면 틀에서 빼내 식힘망에 올려 식힌다.

Tip 우리밀 식빵의 결. 우리밀로만 반죽을 하면 닭 가슴살이 찢어지는 듯한 식빵의 결을 기대하기 어렵지만 대신 생크림을 넣어 텍스처가 부드럽다.

호두
식빵

두뇌에 좋은 호두를 듬뿍 넣어 건강에도 좋고 고소한 맛도 더한 호두 식빵이에요.
우리밀로 만든 빵은 빨리 노화가 되어 아쉬운데요. 빨리 노화가 된다는 것은 시간이 지나면서
푸석푸석해지는 것을 말하는데 우리밀로 만든 빵은 노화 현상이 더 빨리 나타나요.
노화를 막기 위해 유화제나 계량제를 넣기도 하니
빵을 구입할 때는 유화제나 계량제가 함유되어 있지는 않은지 확인하세요.
저는 우리밀빵에 발효종을 넣어 빠른 노화를 더디게 했어요.

Yield

21.5(가로)×9.5(세로)×9(높이)cm
식빵틀 1개

Ingredients

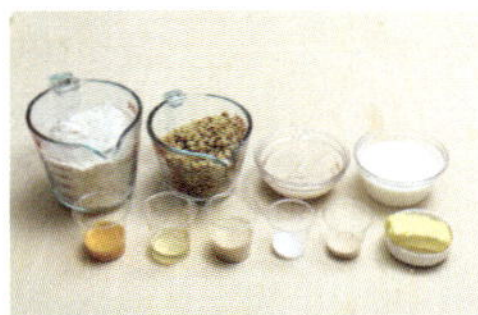

우리밀 강력분 237g
유기농 황설탕 20g
소금 4.5g
인스턴트 드라이이스트 5g
우유 79g
유정란 21g
물 55g
꿀 16g
발효종 72g
버터 27g
전처리한 호두 133g

달걀물 약간

Inactive Prep

● 호두는 끓는 물에 데쳐 쓴맛을
뺀 다음 150℃로 예열한 오븐에서
노릇하게 구워 준비한다.
이를 전처리라고 한다.
● 발효종 만드는 법은
22쪽을 참조한다.

Directions

반죽 ▶
1차 발효(45~50분) ▶
중간 발효(15분) ▶
2차 발효(틀 위 1cm) ▶
굽기

Oven

180℃로 예열한 오븐 10분 ▶
160℃ 20~25분

1 볼에 가루 재료인 우리밀
강력분, 유기농 황설탕, 소금,
인스턴트 드라이이스트를 넣어 잘
섞는다.
Tip 인스턴트 드라이이스트는 유기농
황설탕과 소금에 닿지 않게 주의한다.

2 가루 재료가 고루 섞이면
우유, 유정란, 물, 꿀,
발효종을 넣고 마른 가루 없이
반죽을 한 덩어리로 뭉친다.
Tip 발효종이 준비되지 않은 경우
우리밀 강력분 43g, 소금 0.8g,
인스턴트 드라이이스트 0.5g, 물 29g을
더 넣어 반죽한다. 이때 소량 계량이
가능한 스푼 전자저울로 계량한다.

3 한 덩어리로 뭉치면
작업대로 옮겨 부드러운
버터를 넣는다.

4 반죽 표면에 작은 기포가
생기고 매끄러워질 때까지
밀고, 접고, 치대고, 내리치고를
20~25분 정도 반복하여 반죽한다.

5 전처리한 호두를 섞어
반죽을 완성한다.

6 반죽을 동그랗고 매끄럽게
만들어 볼에 넣어 젖은
면포나 랩으로 싸서 윗면이 마르지
않도록 하여 따뜻한 곳(30℃)에서
45~50분 정도 1차 발효시킨다.

7 집게손가락에 밀가루를
듬뿍 묻혀 1차 발효가
끝난 반죽의 중앙을 깊이 찔러
보아 발효점을 확인한다.

8 1차 발효가 끝난 반죽을
양손으로 지그시 눌러
가스를 뺀다.

9 표면이 매끄러워지도록
둥글리기한다.

10 볼 등으로 덮어 마르지 않도록 하여 실온에서 15분 정도 중간 발효시킨다.

중간 발효 전.

중간 발효 후.

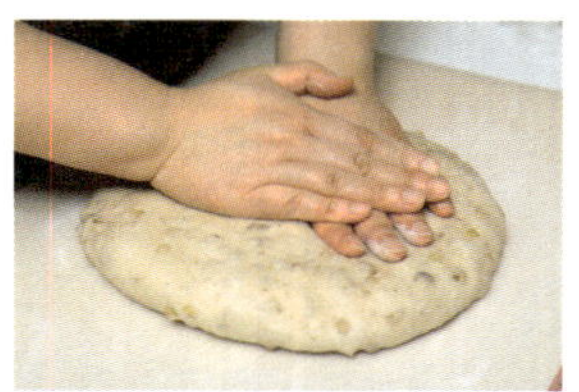

11 반죽에 양손을 포개어 얹고 지그시 눌러 중간 발효로 생긴 가스를 뺀다.

12 펼친 반죽을 3절접기 한다.

Tip 반죽은 중간 발효할 때 위로 올라온 부분을 바닥으로 가게 하여 성형하면 된다. 그래야 최종적으로 중간 발효할 때 매끈했던 윗부분이 빵의 표면이 된다.

13 윗부분을 삼각형으로 접는다.

14 반죽을 돌돌 만다.

15 반죽의 이음매 부분, 즉 반죽이 말린 끝부분은 손으로 꼬집어 단단히 마무리한다.

Tip 단단히 마무리하지 않으면 오븐에 구울 때 팽창되는 힘 때문에 밑이 터져서 원하는 높이나 모양이 나오지 않는다.

16 식빵틀 안쪽에 오일을 얇게 바르고 반죽을 균형 있게 잘 맞춰 팬닝한 후 윗면을 손등으로 가볍게 누른다.

17 따뜻한 곳(30℃)에서 틀 위 1cm 높이까지 부풀어 오를 때까지 2차 발효시킨다.

Tip 표면에 윤기가 나도록 하려면 달걀과 우유를 동량으로 섞은 달걀물을 바른다.

18 180℃로 예열한 오븐에서 10분 정도 구운 다음 160℃에서 20~25분 정도 더 굽는다.

19 틀에서 빼내어 식힘망에 올려 식힌다.

검은콩
식빵

아토피도 있는데다 편식이 심한 두 아이들에게 어떻게든 몰래 숨겨서라도
꼭 먹여 보고 싶었던 검은콩을 식빵에 넣어 의외로 수월하게 먹이곤 했어요. 어르신들도 참 좋아하는
고마운 식빵이니 부모님께 만들어 선물하세요. "맛있다! 맛있어!" 라며 칭찬 많이 받을 거예요.

Yield
21.5(가로)×9.5(세로)×9(높이)cm
식빵틀 1개

Ingredients

우리밀 강력분 300g
유기농 황설탕 20g
소금 6g
인스턴트 드라이이스트 5g
검은콩 삶은 물 195g
포도씨오일 19g
삶아 굵게 다진 검은콩 90g

Inactive Prep
마른 검은콩 38g을 물에 5~6시간
정도 불려 물 200g과 함께 냄비에
넣어 10분 정도
삶아 식혀 굵게 다진다.

Directions
반죽 ▶
1차 발효(45~50분) ▶
중간 발효(15분) ▶
2차 발효(틀 높이까지) ▶
굽기

Oven
180℃로 예열한 오븐 10분 ▶
160℃ 15분

1 볼에 우리밀 강력분, 유기농 황설탕, 소금, 인스턴트 드라이이스트를 넣어 잘 섞는다.
Tip 인스턴트 드라이이스트는 유기농 황설탕과 소금에 닿지 않게 주의한다.

2 가루 재료가 고루 섞이면 액체 재료인 검은콩 삶은 물과 포도씨오일을 넣고 섞는다.

3 반죽을 마른 가루 없이 한 덩어리로 뭉쳐 작업대로 옮겨 손반죽을 시작한다.

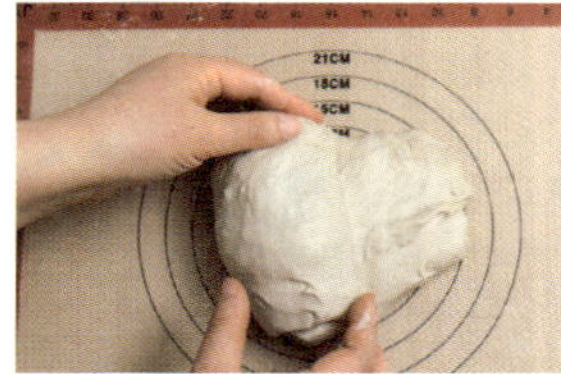

4 밀고, 접고, 치대고, 내리치고를 반복하여 반죽 표면에 작은 기포가 생기고 매끄러워질 때까지 20~25분 정도 반죽한다.

5 반죽이 완료되면 삶아 굵게 다진 검은콩을 얹는다.

6 반죽에 올린 다진 검은콩을 섞는다.

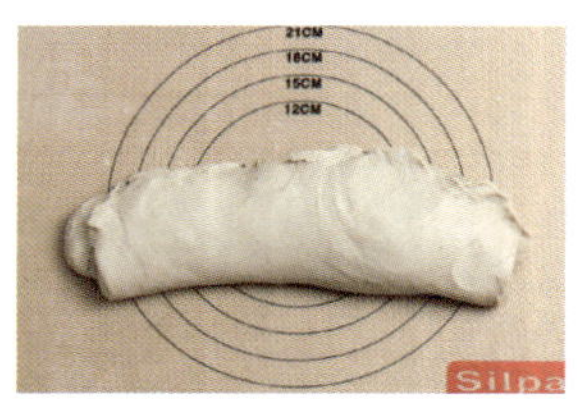

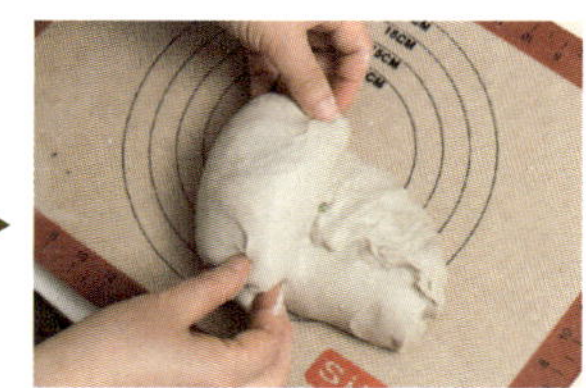

골고루 반죽에 섞는 법.

7 반죽을 동그랗고 매끄럽게 만들어 볼에 넣어 젖은 면포나 랩으로 싸서 윗면이 마르지 않도록 하여 따뜻한 곳(30℃)에서 45~50분 정도 1차 발효시킨다.

8 집게손가락에 밀가루를 듬뿍 묻혀 반죽의 중심을 깊이 찔러 생긴 구멍이 넓어지지도 좁아지지도 않는 상태가 되었는지 확인한다.

9 발효점을 확인하고 나면 작업대에 반죽을 올리고 지그시 눌러 가스를 뺀다.

10 표면이 매끄러워지도록 둥글리기한다.

11 볼 등으로 덮어 마르지
않도록 하여 실온에서
15분 정도 중간 발효시킨다.

중간 발효 전.

중간 발효 후.

12 중간 발효로 다시 생긴
가스를 손으로 지그시
눌러 빼면서 손으로 모양을 잡거나
밀대로 밀어 타원형으로 펼친다.

13 펼친 반죽을 3절
접기한다.

14 윗부분을 삼각형으로
접는다.

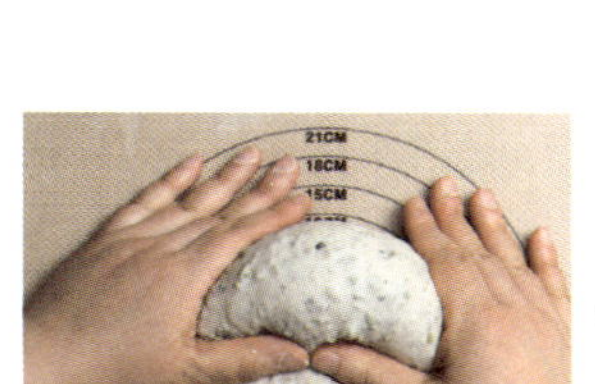

15 돌돌 말아 가며 모양을
잡는다.

16 이음매 부분, 즉 반죽이
말린 끝부분은 손으로
꼬집어 단단히 마무리한다.

17 식빵틀 안쪽에 오일을
얇게 바르고 반죽을 균형
있게 잘 맞춰 팬닝한 다음 윗면을
손등으로 살짝 누른다.

18
Tip 2차 발효시킬 때에는 면포나 랩을
씌우면 들러붙으므로 플라스틱 용기
등으로 덮어 윗면이 마르지 않도록 하여
발효시킨다.

19 180℃로 예열한 오븐에서
10분 정도 굽고 160℃로
온도를 낮추고 15분 정도 더
굽는다.

20 틀에서 빼내어
식힘망에 올려 식힌다.

당근
식빵

신선한 당근을 삶아 빵 반죽에 넣고 식빵을 구우면 빵에서 당근 향이 나고 색감도 예뻐요.

당근 식빵을 분유물에 잘라 넣고 부드럽게 만들어 이유식용 빵죽으로 이용해도 좋아요.

색이 예뻐서 그런지 아이들도 잘 먹고 우리밀과 안심이 되는 재료로 직접 만들어 먹이니 엄마 마음도 편해요.

Yield
21.5(가로)×9.5(세로)×9(높이)cm
식빵틀 1개

Ingredients

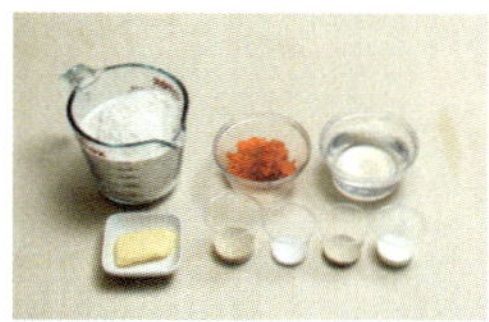

우리밀 강력분 300g
유기농 황설탕 25g
탈지분유 12g
소금 6g
인스턴트 드라이이스트 5g
유기농 당근 퓌레 75g
당근 삶은 물 155g
버터 15g

Inactive Prep
냄비에 당근(80g 정도)을 넣고 물을 자작하게 부어 부드럽게 삶아 건지고, 당근 삶은 물도 준비한다. 삶은 물이 레시피 분량보다 적으면 물로 보충한다.

Directions
반죽 ▶
1차 발효(45~50분) ▶
중간 발효(15분) ▶
2차 발효(틀 위 0.5cm) ▶
굽기

Oven
180℃로 예열한 오븐 10분 ▶
160℃ 15~20분

1 볼에 가루 재료인 우리밀 강력분, 유기농 황설탕, 탈지분유, 소금, 인스턴트 드라이이스트를 넣어 잘 섞는다.
Tip 인스턴트 드라이이스트는 유기농 황설탕과 소금에 닿지 않게 주의한다.

2 가루 재료가 고루 섞이면 액체 재료인 당근 삶은 물과 당근 퓌레를 넣고 섞는다.

3 마른 가루 없이 반죽을 한 덩어리로 뭉쳐 작업대로 옮겨 부드러운 버터를 섞는다.

4 반죽 표면에 작은 기포가 생기고 매끄러워질 때까지 밀고, 접고, 치대고, 내리치고를 20~25분 정도 반복하여 반죽한다.

5 반죽을 동그랗고 매끄럽게 만들어 볼에 넣어 젖은 면포나 랩으로 싸서 윗면이 마르지 않도록 하여 따뜻한 곳(30℃)에서 45~50분 정도 1차 발효시킨다.

6 집게손가락에 밀가루를 듬뿍 묻혀 1차 발효가 끝난 반죽의 중심을 깊이 찔러 생긴 구멍이 넓어지지도 좁아지지도 않는 상태인지 발효점을 확인한다.

7 1차 발효가 끝난 반죽을 손으로 지그시 눌러 가스를 뺀다.

8 표면이 매끄러워지도록 둥글리기한다.

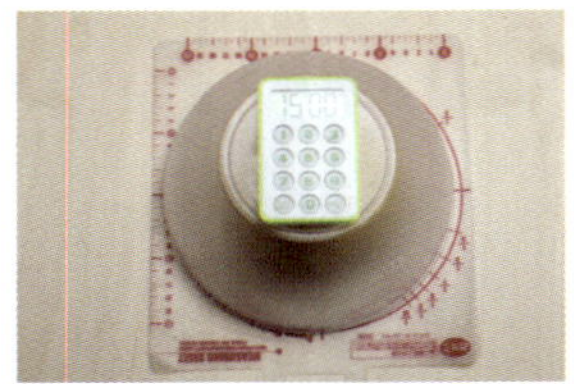

9 볼 등으로 덮어 마르지 않도록 하여 실온에서 15분 정도 중간 발효시킨다.

중간 발효 전.

중간 발효 후.

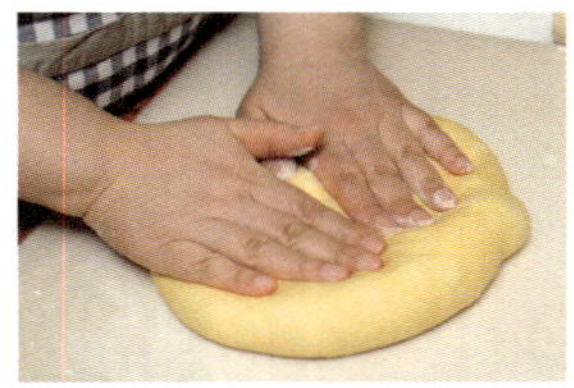

10 중간 발효로 다시 생긴 가스를 지그시 눌러 뺀다.

11 손으로 모양을 잡거나 밀대로 밀어 타원형을 만든다.

12 펼친 반죽을 3절접기 한다.

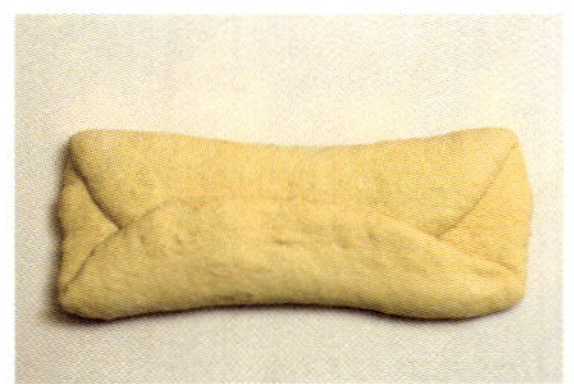

13 둥글게 만다.

14 이음매 부분. 즉 반죽이 말린 끝부분은 손끝으로 꼬집어 단단히 마무리한다.

15 식빵틀 안쪽에 오일을 얇게 바르고 반죽을 균형 있게 팬닝하고 윗면을 손등으로 살짝 누른다.

16 플라스틱 용기 등으로 덮어 윗면이 마르지 않도록 하여 따뜻한 곳(30℃)에서 틀 위 0.5cm 정도로 올라올 때까지 2차 발효시킨다.
Tip 면포나 랩을 씌우면 들러붙으므로 플라스틱 용기 등으로 덮어 윗면이 마르지 않도록 발효시킨다.

17 180℃로 예열한 오븐에서 10분 정도 굽고 오븐의 온도를 160℃로 낮춰 15~20분 정도 더 굽는다.

18 틀에서 빼내어 식힘망에 올려 식힌다.

시금치 식빵

시금치를 데쳐 물과 함께 믹서에 갈아 빵 반죽에 넣어 굽는 건강 식빵이에요.
시금치 식빵으로 샌드위치를 만들면 쫄깃한 식감과 초록색 빵과 부재료와의 색감이 조화를 이뤄 식욕을 돋워요.
치즈를 빼고 구워 빵가루를 만들어 돈가스 튀김옷으로 활용해도 좋아요.

Yield
21.5(가로)×9.5(세로)×9(높이)cm
식빵틀 1개

Ingredients

우리밀 강력분 300g
유기농 황설탕 30g
탈지분유 16g
파르메산 치즈가루 10g
소금 4.5~5g
인스턴트 드라이이스트 5g
시금치즙 232g
버터 28g
체다 치즈 120g

Inactive Prep
● 시금치는 데쳐 가볍게 물기를 빼고 76g을 준비하여 믹서에 물 160g 정도를 넣고 간다.
● 슬라이스 치즈 5장을 겹쳐 랩으로 싸서 무거운 물체로 눌러 두었다가 깍두기 모양으로 썰어 둔다.

Directions
반죽 ▶
1차 발효(45~50분) ▶
중간 발효(15분) ▶
2차 발효(틀 위 1cm) ▶
굽기

Oven
180℃로 예열한 오븐 10분 ▶
160℃ 15~20분

1 볼에 우리밀 강력분, 유기농 황설탕, 탈지분유, 파르메산 치즈가루, 소금, 인스턴트 드라이이스트를 넣어 잘 섞는다.
Jip 인스턴트 드라이이스트는 유기농 황설탕과 소금에 닿지 않게 주의한다.

2 가루 재료가 고루 섞이면 볼을 믹싱기에 끼우고 미리 준비한 시금치즙을 넣는다.

3 믹싱기를 저속으로 작동시킨다.

4 마른 가루 없이 반죽이 한 덩어리로 뭉쳐지도록 저속을 유지한다.

5

6 버터가 잘 섞이면 중속으로 속도를 올려 믹싱해 반죽 표면에 작은 기포가 생기고 매끄러워질 때까지 13~15분 정도 반죽한다.

7 반죽을 동그랗고 매끄럽게 만들어 볼에 넣어 젖은 면포나 랩으로 싸서 윗면이 마르지 않도록 하여 따뜻한 곳(30℃)에서 45~50분 정도 1차 발효시킨다.

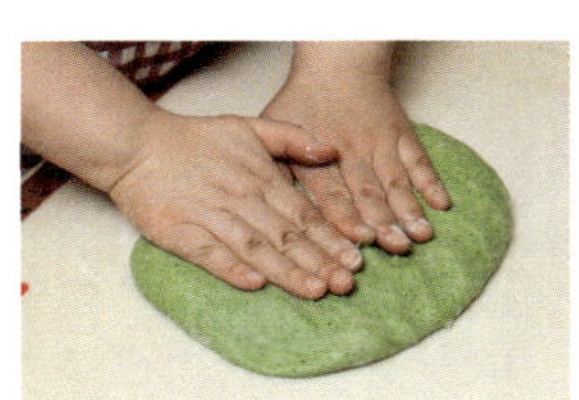

8 집게손가락에 밀가루를 듬뿍 묻혀 1차 발효가 끝난 반죽의 중심을 깊이 찔러 생긴 구멍이 넓어지지도 좁아지지도 않는 상태가 되었는지 발효점을 확인한다.

9 1차 발효가 끝난 반죽을 손으로 지그시 눌러 가스를 뺀다.

10 표면이 매끄러워지도록 둥글리기한다.

11 볼 등으로 덮어 마르지 않도록 하여 실온에서 15분 정도 중간 발효시킨다.

중간 발효 전.

중간 발효 후.

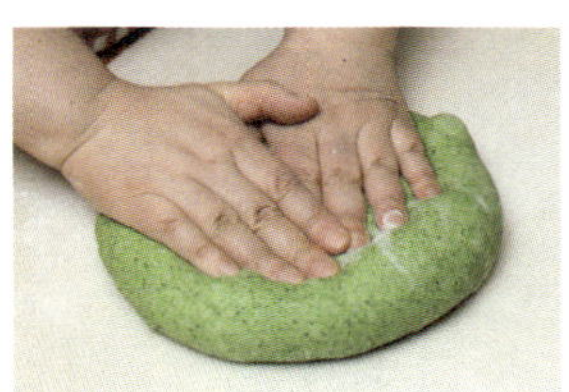   

12 중간 발효 중 다시 생긴 가스를 지그시 눌러 뺀 후 타원형으로 모양을 잡는다.

13 타원형으로 펼친 반죽을 3절접기한다.

14 반죽에 체다 치즈를 얹는다.
Tip 체다 치즈는 슬라이스 치즈로 만든다(Inactive Prep 참조).

15 윗부분을 삼각형으로 접는다.

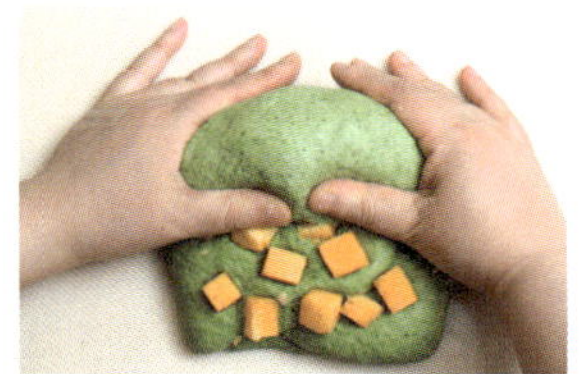   

16 돌돌 만다.

17 이음매 부분. 즉 반죽이 말린 끝부분은 손끝으로 꼬집어 단단히 마무리한다.

18 식빵틀 안쪽에 오일을 얇게 바르고 반죽을 균형 있게 팬닝한 다음 손등으로 살짝 누른다.
Tip 믹싱기가 아닌 손반죽으로 한다면 가루 재료를 고루 섞어 시금치즙을 넣고 마른 가루 없이 한 덩어리로 뭉쳐 반죽 표면에 작은 기포가 생기고 매끄러워질 때까지 20~25분 정도 밀고, 접고, 치대고, 내리치고를 반복한다.

19 플라스틱 용기 등으로 덮어 윗면이 마르지 않도록 하여 따뜻한 곳(30℃)에서 식빵틀 위 1cm 높이로 올라올 때까지 발효시킨다.

20 180℃로 예열한 오븐에서 10분 정도 굽고 오븐의 온도를 160℃로 낮춰 15~20분 정도 더 굽는다.

21 구워지면 틀에서 빼내어 식힘망에 올려 식힌다.

커피
식빵

은은한 커피 향이 유혹적인 식빵이에요.
그냥 먹어도 좋지만 프렌치토스트를 만들어 먹으면 정말 맛있어요.
커피가루 대신 단호박가루나 녹차가루를 넣으면
다양한 맛과 향, 색을 즐길 수 있어요.

Yield

21.5(가로)×9.5(세로)×9(높이)cm
식빵틀 1개

Ingredients 커피 반죽

우리밀 강력분 150g
유기농 황설탕 16g
소금 2.5g
인스턴트 드라이이스트 2.5g
인스턴트커피가루 2g
우유 56g
생크림 25g
유정란 21g
버터 11g

Ingredients 화이트 반죽

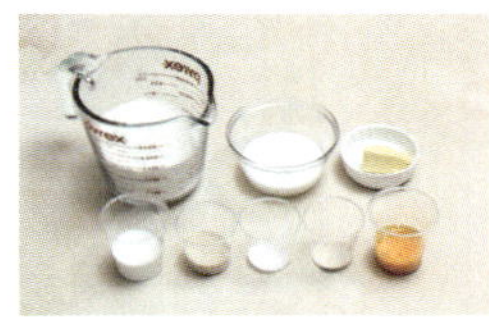

우리밀 강력분 150g
유기농 황설탕 16g
소금 2.5g
인스턴트 드라이이스트 2.5g
우유 56g
생크림 25g
유정란 21g
버터 11g

Directions

반죽 ▶
1차 발효(45~50분) ▶
중간 발효(15분) ▶
2차 발효(틀 높이) ▶
굽기

Oven

180℃로 예열한 오븐 10분 ▶
160℃ 20분

1 각각의 볼에 가루 재료인 우리밀 강력분, 유기농 황설탕, 소금, 인스턴트 드라이이스트를 넣어 잘 섞고 커피 반죽이 담긴 볼에는 인스턴트 커피를 섞는다.
Tip 인스턴트 드라이이스트는 유기농 황설탕과 소금에 닿지 않게 주의한다.

2 가루 재료가 고루 섞이면 액체 재료인 우유, 생크림, 유정란을 각각의 볼에 넣고 마른 가루 없이 반죽을 한 덩어리로 뭉친다.

3 반죽을 작업대로 옮겨 각각의 반죽에 부드러운 버터를 섞는다.

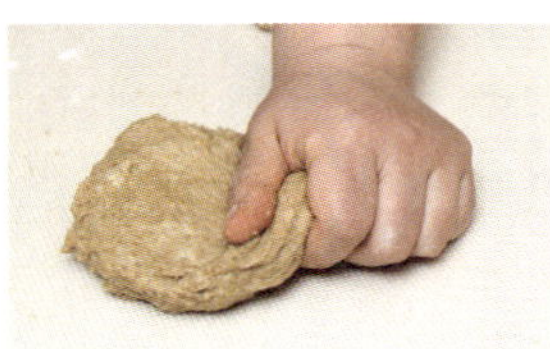

4 버터가 어느 정도 섞이면 밀고, 접고, 치대고, 내리치고를 반복하여 반죽 표면에 작은 기포가 생기고 매끄러워질 때까지 20~25분 정도 반죽한다.

5 반죽을 동그랗고 매끄럽게 만들어 각각 볼에 넣어 젖은 면포나 랩으로 싸서 윗면이 마르지 않도록 하여 따뜻한 곳(30℃)에서 45~50분 정도 1차 발효시킨다.

6 집게손가락에 밀가루를 듬뿍 묻혀 1차 발효가 끝난 반죽의 중심을 깊이 찔러 발효점을 확인한다.
Tip 발효점은 손가락으로 찔러 보았을 때 생기는 구멍의 모양으로 확인하는데 이를 발효점 테스트라고 한다. 구멍이 오므라들면 아직 발효가 덜 된 상태, 확 넓어지면 과발효된 상태다. 손가락 모양대로 만들어지면 발효가 적당히 된 것이다.

7 반죽을 작업대에 올려 손으로 지그시 눌러 가스를 뺀다.

8 표면이 매끄러워지도록 둥글리기한다.

9 볼 등으로 덮어 마르지 않도록 하여 실온에서 15분 정도 중간 발효시킨다.

중간 발효 전.

중간 발효 후.

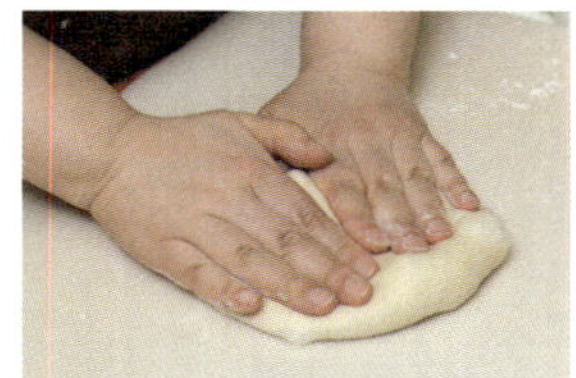

10 중간 발효가 끝난 반죽은 손바닥으로 눌러 가스를 뺀다.

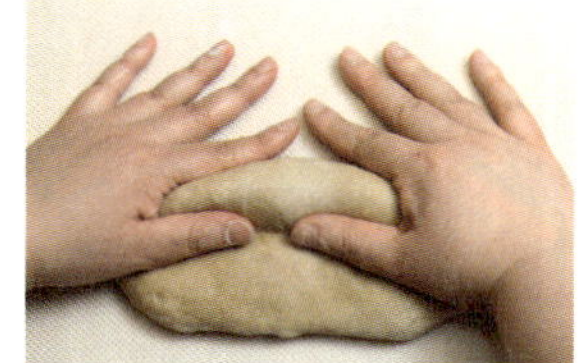

11 돌돌 만다.

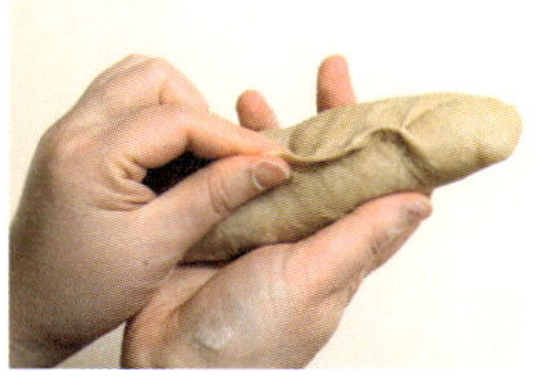

12 이음매 부분, 즉 반죽이 말린 끝부분은 손끝으로 꼬집어 단단히 마무리한다.

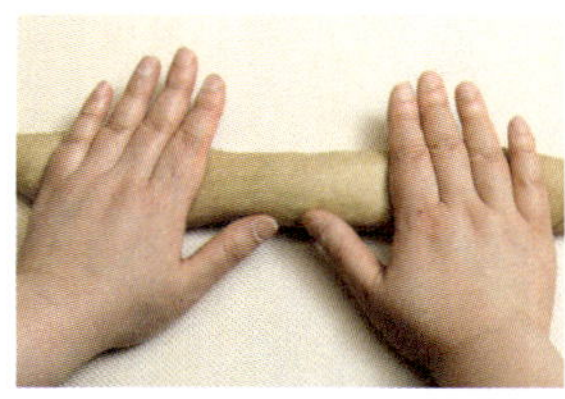

13 반죽에 손을 얹고 살살 돌려가며 옆으로 길게 늘인다.

14 반죽의 길이가 30cm 정도 될 때까지 커피 반죽과 화이트 반죽을 각각 민다.

15 커피 반죽과 화이트 반죽을 틀 길이에 맞춰 꼰다.

16 식빵틀 안쪽에 오일을 얇게 바르고 반죽을 균형 있게 팬닝한다.

17 따뜻한 곳(30℃ 정도)에서 식빵틀 높이로 올라올 때까지 2차 발효시킨다.

Tip 2차 발효시킬 때에는 면포나 랩을 씌우면 들러붙으므로 플라스틱 용기 등으로 덮어 윗면이 마르지 않도록 하여 발효시킨다.

치즈 식빵

여러 말이 필요 없는 치즈 식빵이에요.
체다 치즈나 몬테레이잭 치즈를 넣어서 만들면 더 맛있겠지만 아이들 간식으로 먹이는
슬라이스 치즈를 뭉쳐 만들어도 충분히 맛이 좋아요.

Yield

21.5(가로)×9.5(세로)×9(높이)cm
식빵틀 1개

Ingredients

우리밀 강력분 250g
우리밀 통밀가루 39g
유기농 황설탕 25g
소금 5g
인스턴트 드라이이스트 5g
후춧가루 적당량
우유 116g
유정란 79g
버터 25g
슬라이스 치즈 144g

달걀물 약간

Inactive Prep

● 슬라이스 치즈 5장을 겹쳐 랩으로 싸서 무거운 물체로 눌러 두었다가 깍두기 모양으로 썰어 둔다.

● 달걀물은 달걀과 우유를 동량으로 섞는다.

Directions

반죽 ▶
1차 발효(50분) ▶
중간 발효(15분) ▶
2차 발효(틀 위 1cm) ▶
굽기

Oven

170~180℃로 예열한 오븐
10분 ▶ 160℃ 15~20분

How to make

1 볼에 우리밀 강력분, 우리밀 통밀가루, 유기농 황설탕, 소금, 인스턴트 드라이이스트, 후춧가루를 넣어 잘 섞는다.
Tip 인스턴트 드라이이스트는 유기농 황설탕과 소금에 닿지 않게 주의한다.

2 가루 재료가 고루 섞이면 액체 재료인 우유와 유정란을 넣고 마른 가루 없이 반죽을 한 덩어리로 뭉친다.

3 반죽을 작업대로 옮겨 손반죽을 하다가 부드러운 버터를 넣는다.

4 버터가 어느 정도 섞이면 밀고, 접고, 치대고, 내리치고를 반복하여 반죽 표면에 작은 기포가 생기고 매끄러워질 때까지 20~25분 정도 반죽한다.

5 반죽을 동그랗고 매끄럽게 만들어 볼에 넣어 젖은 면포나 랩으로 싸서 윗면이 마르지 않도록 하여 따뜻한 곳(30℃)에서 50분 정도 1차 발효시킨다.

6 집게손가락에 밀가루를 듬뿍 묻혀 1차 발효가 끝난 반죽의 중심을 깊이 찔러 생긴 구멍이 넓어지지도 좁아지지도 않는 상태가 되었는지 확인한다.

7 반죽을 작업대에 올려 손으로 지그시 눌러 가스를 뺀다.
Tip 구멍이 오므라들면 아직 발효가 덜 된 상태, 확 넓어지면 과발효된 상태다. 손가락 모양대로 만들어지면 발효가 적당히 된 것이다.

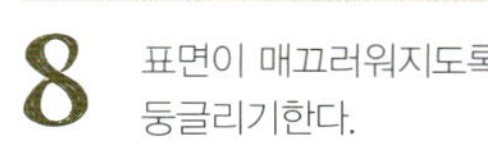

8 표면이 매끄러워지도록 둥글리기한다.

중간 발효 전.

중간 발효 후.

9 볼 등으로 덮어 마르지 않도록 하여 실온에서 15분 정도 중간 발효시킨다.

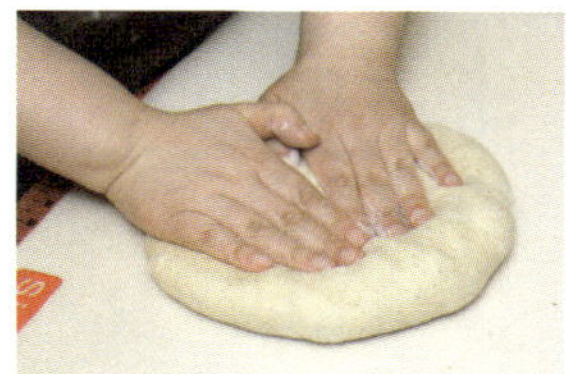

10 중간 발효로 다시 생긴 가스를 지그시 눌러 빼면서 타원형으로 반죽을 펼친다.

11 펼친 반죽을 3절접기한다.

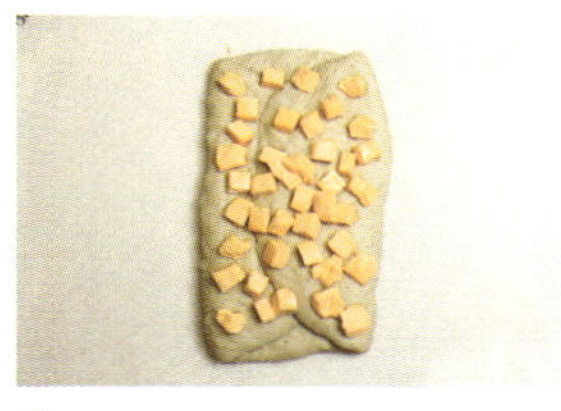

12 치즈를 올린다.

13 윗부분을 삼각형으로 접는다.

14 볼륨감 있게 돌돌 만다.

15 이음매 부분, 즉 반죽이 말린 끝부분은 손끝으로 꼬집어 단단히 마무리한다.

16 식빵틀 안쪽에 오일을 얇게 바르고 반죽을 균형 있게 팬닝해 윗면을 손등으로 살짝 누른다.

17 따뜻한 곳(30℃ 정도)에서 식빵틀 위 1cm 정도로 올라올 때까지 2차 발효시킨다.

Tip 표면에 윤기가 나도록 하려면 달걀물을 바른다.

18 170~180℃로 예열한 오븐에서 10분 정도 구워 오븐의 온도를 160℃로 낮추고 15~20분 정도 더 굽는다.

Tip 오븐 구조에 따라 윗면에 색이 많이 날 경우에는 여러 겹의 쿠킹포일로 덮어가며 색을 조절한다.

19 구워지면 틀에서 빼내어 식힘망에 올려 식힌다.

밤
식빵

직접 조린 밤을 넣고 구워 더 맛있는 밤식빵이에요.
어린 시절 동네 어귀의 작은 빵집에서 사온 갓 구운 촉촉한 밤식빵을 추억하며 만들어 보세요.
밤 대신 고구마를 조려 만들어도 맛있어요.

Yield

21.5(가로)×9.5(세로)×9(높이)cm
식빵틀 1개

Ingredients

우리밀 강력분 220g
우리밀 중력분 55g
탈지분유 15g
유기농 황설탕 33g
소금 5g
인스턴트 드라이이스트 5g
물 160g
유정란 28g
버터 28g
주사위 모양으로 썰어 시럽에 당절
임한 밤 110g

달걀물 약간
스트로이젤 약간

Inactive Prep

● 스트로이젤 만드는 법은 23쪽을
참조한다.
● 당절임한 밤 만드는 법은 21쪽
을 참조한다.

Directions

반죽 ▶
1차 발효(45~50분) ▶
중간 발효(15분) ▶
2차 발효(틀 위 1cm) ▶
굽기

Oven

180℃로 예열한 오븐 10분 ▶
160℃ 20~25분

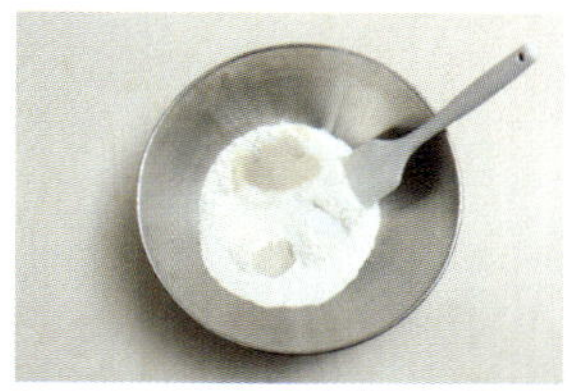

1 볼에 우리밀 강력분, 우리밀 중력분, 탈지분유, 유기농 황설탕, 소금, 인스턴트 드라이이스트를 잘 섞는다.
Tip 인스턴트 드라이이스트는 유기농 황설탕과 소금에 닿지 않게 주의한다.

2 가루 재료가 고루 섞이면 액체 재료인 물과 유정란을 넣어 마른 가루 없이 반죽이 한 덩어리가 되도록 섞는다.

3 반죽이 한 덩어리가 되면 작업대로 옮겨 치댄 후 부드러운 버터를 넣는다.

4 반죽 표면에 작은 기포가 생기고 매끄러워질 때까지 밀고, 접고, 치대고, 내리치고를 20~25분 정도 반복하여 반죽한다.

5 반죽을 동그랗고 매끄럽게 만들어 볼에 넣어 젖은 면포나 랩으로 싸서 윗면이 마르지 않도록 하여 따뜻한 곳(30℃)에서 45~50분 정도 1차 발효시킨다.

6 집게손가락에 밀가루를 듬뿍 묻혀 1차 발효가 끝난 반죽의 중심을 깊이 찔러 생긴 구멍이 넓어지지도 좁아지지도 않는 상태가 되는지 발효점을 확인한다.

7 반죽을 작업대로 옮겨 표면이 매끄러워지도록 둥글리기한다.

8 반죽을 지그시 눌러 가스를 뺀다.

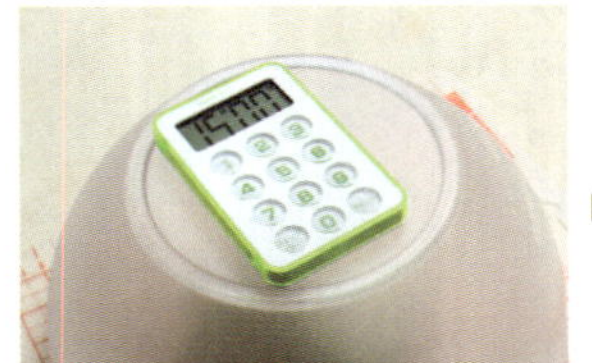

9 볼 등으로 덮어 마르지 않도록 하여 실온에서 15분 정도 중간 발효시킨다.

중간 발효 전.

중간 발효 후.

10 반죽의 중심을 기준으로 중심에서 위, 중심에서 아래로 밀어 가스를 빼면서 반죽을 펼친다.

11 3절접기한다.

12 반죽에 당절임한 밤을 고르게 올린다.
Tip 밤조림 만드는 법은 21쪽을 참조한다.

13 반죽의 윗부분을 삼각형으로 접는다.

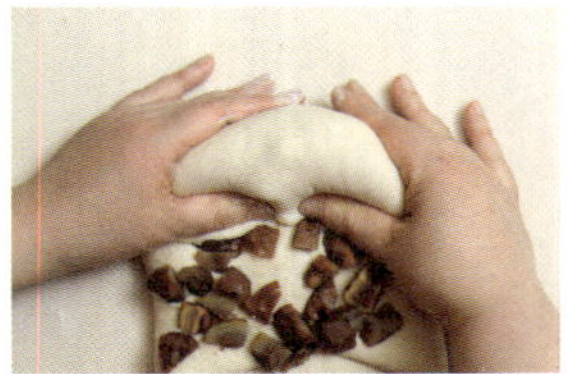

14 볼륨감 있게 돌돌 만다.

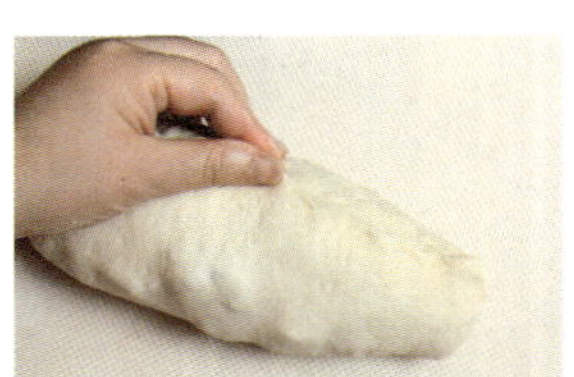

15 이음매 부분, 즉 반죽이 말린 끝부분은 손가락 끝으로 꼬집어 단단히 마무리한다.

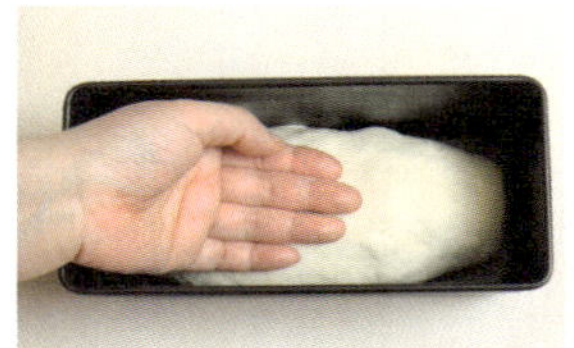

16 식빵틀 안쪽에 오일을 얇게 바르고 반죽을 균형 있게 팬닝하여 윗면을 손등으로 살짝 누른다.

17 플라스틱 용기 등으로 덮어 윗면이 마르지 않도록 하여 따뜻한 곳(30℃)에서 식빵틀 위 1cm 높이 정도로 올라올 때까지 2차 발효시킨다.

동글이
요거트 식빵

집에서 만든 요거트나 시판되는 무가당 요거트를 식빵 반죽에 넣으면
쫄깃쫄깃한 식빵을 맛볼 수 있어요. 둥근 식빵틀이 없으면 일반 식빵틀에 반죽을 넣어
2차 발효하여 틀 아래 0.5~1cm 정도까지 부풀면 구우세요.

Yield
28(길이)×10(지름)cm
원형 식빵틀 1개

Ingredients

우리밀 강력분 300g
유기농 황설탕 36g
소금 5.5g
인스턴트 드라이이스트 5g
무가당 요거트 135g
우유 100g
버터 28g

Directions
반죽 ▶
1차 발효(45~50분) ▶
중간 발효(15분) ▶
2차 발효(35~40분) ▶
굽기

Oven
180℃로 예열한 오븐 25~30분

1 볼에 가루 재료인 우리밀 강력분. 유기농 황설탕. 소금. 인스턴트 드라이이스트를 넣어 잘 섞는다. *Tip* 인스턴트 드라이이스트는 유기농 황설탕과 소금에 닿지 않게 주의한다.

2 가루 재료가 고루 섞이면 무가당 요거트와 우유를 넣고 마른 가루 없이 한 덩어리가 되도록 섞는다.

3 반죽을 작업대로 옮겨 부드러운 버터를 섞는다.

4 밀고, 접고, 치대고, 내리치고를 반복해 반죽의 표면에 작은 기포가 생기고 매끄러워질 때까지 20~25분 정도 반죽한다.

5 반죽을 동그랗고 매끄럽게 만들어 볼에 넣어 젖은 면포나 랩으로 싸서 윗면이 마르지 않도록 하여 따뜻한 곳(30℃)에서 45~50분 정도 1차 발효시킨다.

6 집게손가락에 밀가루를 듬뿍 묻혀 1차 발효가 끝난 반죽의 중심을 깊이 찔러 생긴 구멍이 넓어지지도 좁아지지도 않는 상태가 되었는지 발효점을 확인한다.

7 1차 발효가 끝난 반죽을 손으로 지그시 눌러 가스를 뺀다.

8 표면이 매끄러워지도록 둥글리기한다.

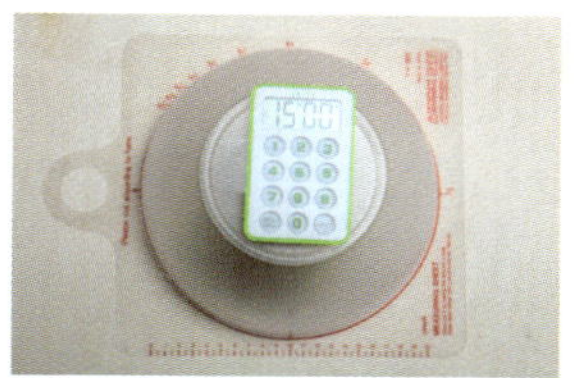

9 볼 등으로 덮어 마르지 않도록 하여 실온에서 15분 정도 중간 발효시킨다.

중간 발효 전.

중간 발효 후.

10 중간 발효가 끝난 반죽은 밀대로 지그시 눌러 가며 민다.

11 틀의 길이에 맞춰 반죽을 민다.

Tip 둥근 식빵틀이 없다면 일반 식빵틀에 넣어 2차 발효하여 틀 아래 0.5~1cm 정도까지 부풀면 굽는다.

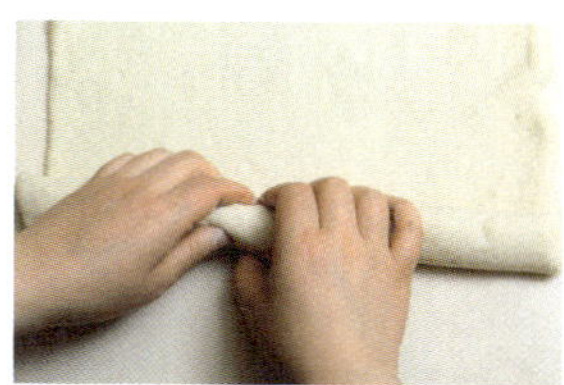

12 반죽의 끝부분부터 돌돌 만다.

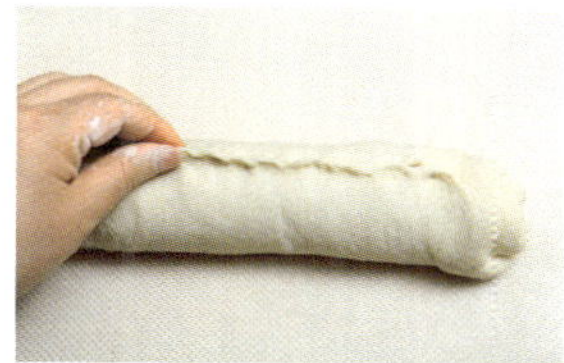

13 이음매 부분. 즉 반죽이 말린 끝부분은 손끝으로 꼬집어 단단히 마무리한다.

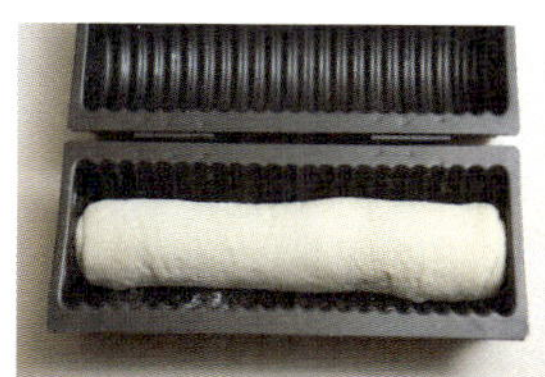

14 오일을 바른 틀에 반죽을 균형 있게 팬닝하고 따뜻한 곳(30℃ 정도)에서 35~40분 정도 2차 발효시킨다.

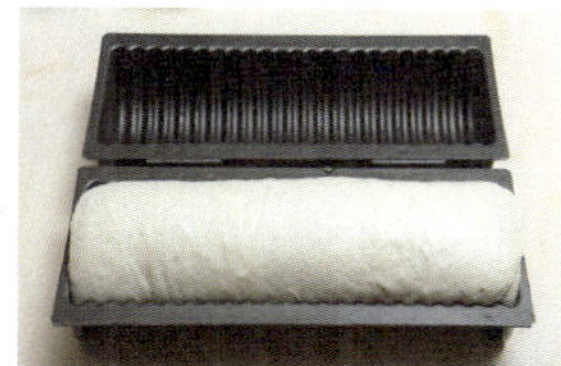

Tip 2차 발효시킬 때에는 면포나 랩을 씌우면 들러붙으므로 플라스틱 용기 등으로 덮어 윗면이 마르지 않도록 하여 발효시킨다.

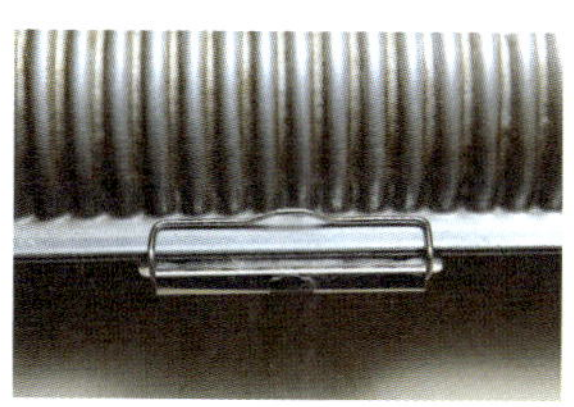

15 빵틀의 뚜껑을 덮고 180℃로 예열한 오븐에서 25~30분 정도 굽는다.

16 둥근 모양이 잘 유지되도록 위아래를 돌려 가며 식힌다.

17 어느 정도 식으면 식힘망에 얹어 빵을 돌려가며 식힌다.

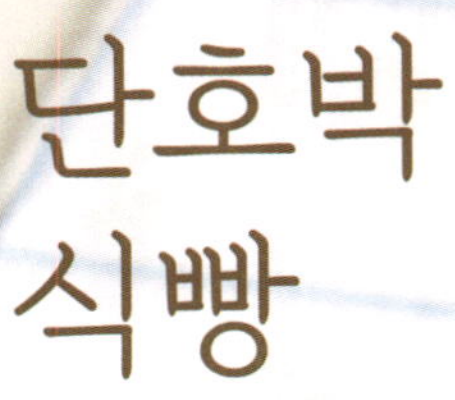

단호박
식빵

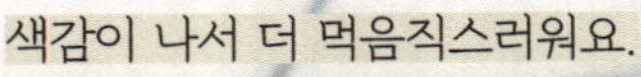

어르신들이 정말 좋아하는 효도빵이랍니다.
우유와 함께 먹으면 훌륭한 한 끼 식사가 되는 빵이에요.
단호박의 껍질을 벗겨 조려 넣어도 되지만 껍질째 조려 넣으면
색감이 나서 더 먹음직스러워요.

Yield

28(길이)×10(지름)cm
원형 식빵틀 1개

Ingredients

우리밀 강력분 290g
유기농 황설탕 12g
소금 6g
인스턴트 드라이이스트 6g
찐 단호박 으깬 것 150g
생크림 28g
우유 27g
꿀 25g
물 62g
포도씨오일 26g

단호박조림 100g정도

Inactive Prep

● 단호박은 반 잘라 전자레인지에 넣어 4~5분 정도 익힌다.
● 단호박조림은 냄비에 가로, 세로 2cm 크기로 썬 단호박 100g, 유기농 황설탕 20g, 물 20g을 넣는다. 단호박이 뭉개지지 않도록 주의하며 중간 중간 저어 수분이 없어질 때까지 조린다.

Directions

반죽 ▶
1차 발효(45~50분) ▶
중간 발효(15분) ▶
2차 발효(35~40분) ▶
굽기

Oven

180℃로 예열한 오븐
25~30분

1 볼에 가루 재료인 우리밀 강력분, 유기농 황설탕, 소금, 인스턴트 드라이이스트를 넣어 잘 섞는다.
tip 인스턴트 드라이이스트는 유기농 황설탕과 소금에 닿지 않게 주의한다.

2 가루 재료가 고루 섞이면 단호박조림을 뺀 나머지 재료를 모두 넣는다.

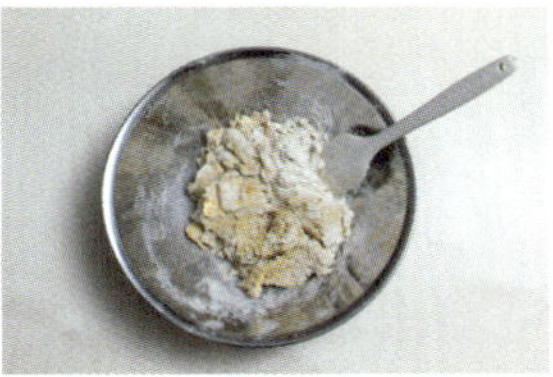

3 반죽을 마른 가루 없이 한 덩어리로 뭉쳐 작업대로 옮겨 손반죽을 시작한다.

4 밀고, 접고, 치대고, 내리치고를 반복하여 반죽 표면에 작은 기포가 생기고 매끄러워질 때까지 20~25분 정도 반죽한다.

5 반죽을 동그랗고 매끄럽게 만들어 볼에 넣어 젖은 면포나 랩으로 싸서 윗면이 마르지 않도록 한다.

6 따뜻한 곳(30℃)에서 45~50분 정도 1차 발효시킨다.

7 집게손가락에 밀가루를 듬뿍 묻혀 반죽의 중심을 깊이 찔러 생긴 구멍이 넓어지지도 좁아지지도 않는 상태가 되었는지 확인한다.

8 발효점을 확인하고 나면 작업대에 반죽을 올리고 지그시 눌러 가스를 뺀다.

9 표면이 매끄러워지도록 둥글리기한다.

10 볼 등으로 덮어 마르지 않도록 하여 실온에서 15분 정도 중간 발효시킨다.

11 중간 발효가 끝난 반죽은 밀대로 지그시 눌러 가며 민다.

12 반죽의 중심에서 위아래, 양옆으로 민다.

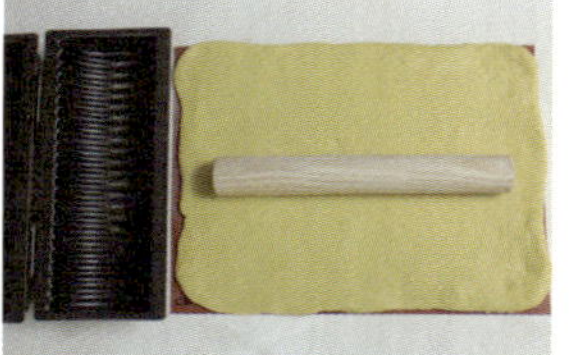

13 틀의 길이에 맞춰 반죽을 민다.

tip 둥근 식빵틀이 없다면 일반 식빵틀에 넣어 2차 발효하여 틀 아래 0.5~1cm 정도까지 부풀면 굽는다.

14 단호박조림을 골고루 얹는다.

15 반죽의 끝부분부터 돌돌 만다.

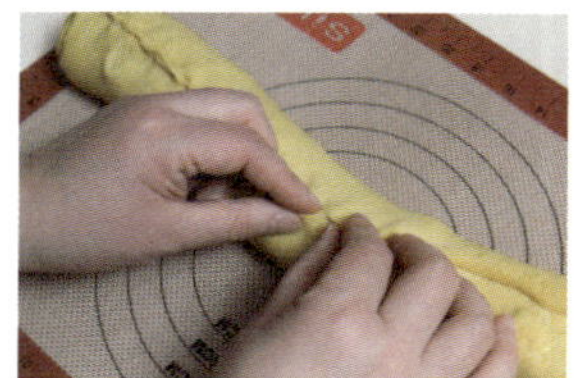

16 이음매 부분, 즉 반죽이 말린 끝부분은 손끝으로 꼬집어 단단히 마무리한다.

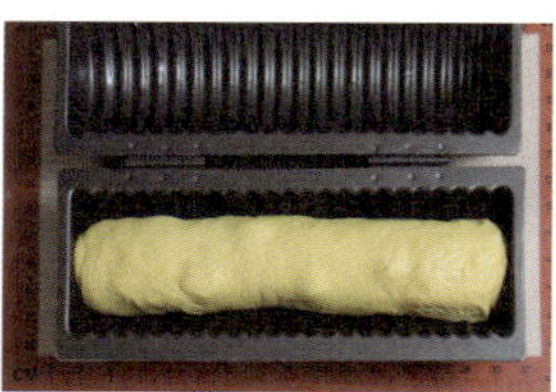

17 오일을 바른 틀에 반죽을 균형 있게 팬닝한다.

18 따뜻한 곳(30℃)에서 35~40분 정도 2차 발효시킨다.

tip 2차 발효시킬 때에는 면포나 랩을 씌우면 들러붙으므로 플라스틱 용기 등으로 덮어 윗면이 마르지 않도록 하여 발효시킨다.

19 빵틀의 뚜껑을 덮고 180℃로 예열한 오븐에서 25~30분 정도 굽는다.

20 둥근 모양이 잘 유지되도록 위아래를 돌려 가며 식힌다.

블랙 올리브
양파 베이글

담백하고 묵직한 맛의 베이글에 블랙 올리브와 양파를 넣었어요.
크림치즈를 약간 발라 먹으면 아주 맛있어요.
입맛에 따라 치즈를 약간 넣어 반죽해 구워도 좋아요.
베이글은 데칠 때의 발효점이 중요해요.
너무 많이 발효되지 않게 해야 하는데, 김이 모락모락 나는 소다물에
반죽을 조심스럽게 넣어 앞뒤를 살짝만 데치세요.

Ingredients

우리밀 강력분 300 g
유기농 황설탕 18g
소금 5g
인스턴트 드라이이스트 4g
물 153g
양파 간 것 55g
올리브오일 18g

다진 블랙 올리브 30g

Ingredients
물 1ℓ
흑설탕 3큰술
베이킹소다 1작은술

Directions
반죽 ▶
1차 발효(45~50분) ▶
중간 발효(15분) ▶
2차 발효(30분) ▶
굽기

Oven
170~180℃로 예열한 오븐
12~13분

How to make

1 볼에 가루 재료인 우리밀 강력분, 유기농 황설탕, 소금, 인스턴트 드라이이스트를 넣어 잘 섞는다.
tip 인스턴트 드라이이스트는 유기농 황설탕과 소금에 닿지 않게 주의한다.

2 가루 재료가 고루 섞이면 충전물인 다진 블랙 올리브를 뺀 물, 양파 간 것, 올리브오일을 넣고 마른 가루 없이 반죽을 한 덩어리로 뭉친다.

3 반죽을 작업대로 옮겨 손반죽을 시작한다.

4 면포로 수분을 뺀 다진 블랙 올리브를 넣어 잘 섞는다.

5 반죽을 동그랗고 매끄럽게 만들어 볼에 넣어 젖은 면포나 랩으로 싸서 윗면이 마르지 않도록 하여 따뜻한 곳(30℃)에서 45~50분 정도 1차 발효시킨다.

6 집게손가락에 밀가루를 듬뿍 묻혀 반죽의 중심을 깊이 찔러 생긴 구멍이 넓어지지도 좁아지지도 않는 상태가 되었는지 확인한다.

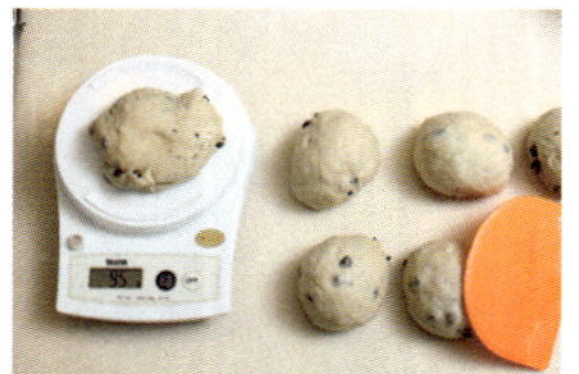

7 반죽을 6등분(약 95g씩)한다.

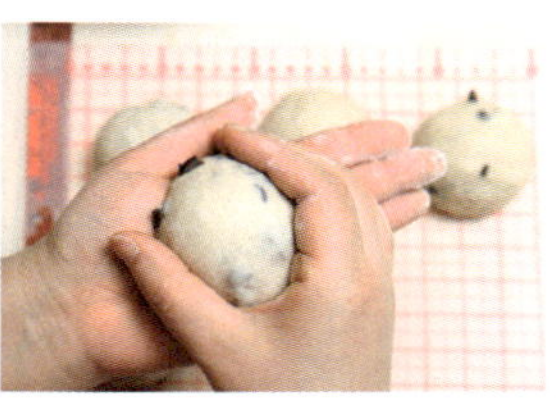

8 표면이 매끄러워지도록 둥글리기한다.

9 플라스틱 용기 등으로 덮어 실온에서 15분 정도 중간 발효시킨다.

중간 발효 전.

중간 발효 후.

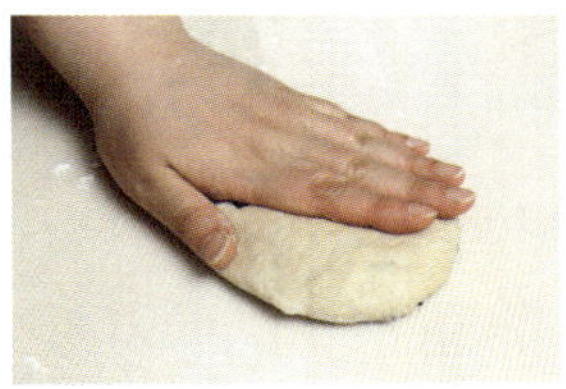

10 중간 발효로 다시 생긴 가스를 손으로 지그시 눌러 빼면서 납작하게 만든다.

11 3절접기한다.

3절접기 후.

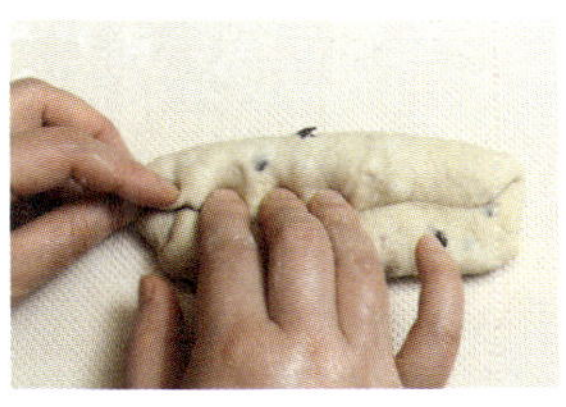

12 원기둥 모양으로 2차례 정도 말아접기한다.

13 이음매 부분. 즉 반죽이 말린 끝부분은 손끝으로 꼬집어 단단히 마무리한다.

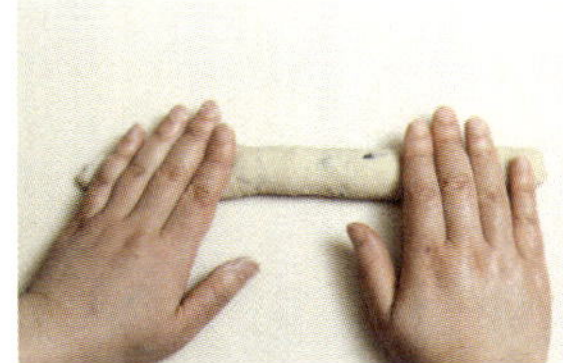

14 반죽을 길게 민다.

15 한 쪽 부분만 펼친다.

16 펼친 부분으로 뾰족한 부분을 감싸 링 모양으로 성형한다.

17 손끝으로 꼬집어 단단히 마무리한다.

성형 후.

18 베이글 크기에 맞게 종이포일을 잘라 오븐팬에 얹는다. 반죽을 종이포일에 얹어 30분 정도 2차 발효시킨다.

2차 발효 후.

19 냄비에 물 1ℓ, 흑설탕 3큰술, 베이킹소다 1작은술을 넣고 끓인다. 김이 모락모락 나면 베이글 반죽을 넣어 양면을 살짝 데친다.

tip 한 면당 3~4초 정도 데치면 되는데 물의 온도에 따라 달라질 수 있다.

20 170~180℃로 예열한 오븐에서 12~13분 정도 굽는다.

크라미크

크라미크(Cramique)는 건포도와 우유, 버터를 넣어 만든 빵이에요. 유정란과 버터를 듬뿍 넣어 식감은
보들보들하면서 새콤달콤한 건과일을 넣어 씹히는 맛도 있어요. 다만 너무 바짝 마른 건포도나 레몬필을 빵 반죽에
그대로 넣으면 굽고 나서 빵 속의 수분을 빼앗아 가서 빵의 노화가 빨라질 수 있어요.
건과일은 끓는 물에 살짝 데치거나 럼에 재워서 사용하세요.

Yield

21.5(가로)×9.5(세로)×9(높이)cm
식빵틀 1개

Ingredients

우리밀 강력분 300g
유기농 황설탕 35g
소금 6g
인스턴트 드라이이스트 5g
물 110g
유정란 80g
버터 75g
럼 약간
레몬필 55g
건포도 80g

달걀물 약간

Inactive Prep

● 럼에 레몬필과 건포도를 넣어 재
운다.
● 달걀물은 달걀과 우유를 동량으
로 섞어 준비한다.

Directions

반죽 ▶
1차 발효(45~50분) ▶
중간 발효(15분) ▶
2차 발효(틀 높이까지) ▶
굽기

Oven

170~180℃로 예열한 오븐 10분
▶ 160~170℃ 20~25분

1 볼에 가루 재료인 우리밀 강력분. 유기농 황설탕. 소금. 인스턴트 드라이이스트를 넣어 잘 섞는다.
Tip 인스턴트 드라이이스트는 유기농 황설탕과 소금에 닿지 않게 주의한다.

2 가루 재료가 고루 섞이면 액체 재료인 물과 유정란을 넣고 마른 가루 없이 반죽을 한 덩어리로 뭉친다.

3 반죽을 작업대로 옮겨 부드러운 버터를 넣어 섞는다.
Tip 우리밀로 발효빵을 만들 때에는 반죽이 한 덩어리로 뭉쳐진 다음 어느 정도 치대어 버터를 넣어 반죽한다. 우리밀은 글루텐이 적게 생겨 글루텐 형성을 방해하는 버터를 일찍 넣으면 식감도 푸석하고 볼륨도 작다.

4 버터가 어느 정도 섞이면 밀고. 접고. 치대고. 내리치고를 반복하여 반죽 표면에 작은 기포가 생기고 매끄러워질 때까지 20~25분 정도 반죽한다.

5 럼에 절인 레몬필과 건포도를 반죽에 넣고 잘 섞는다.

6 반죽을 동그랗고 매끄럽게 만들어 볼에 넣어 젖은 면포나 랩으로 싸서 윗면이 마르지 않도록 하여 따뜻한 곳(30℃)에서 45~50분 정도 1차 발효시킨다.

7 집게손가락에 밀가루를 듬뿍 묻혀 1차 발효가 끝난 반죽의 중심을 깊이 찔러 생긴 구멍이 넓어지지도 좁아지지도 않는 상태가 되었는지 발효점을 확인한다.

8 반죽을 작업대로 옮겨 손으로 지그시 눌러 가스를 뺀다.

9 표면이 매끄러워지도록 둥글리기한다.

10 볼 등으로 덮어 마르지 않도록 하여 실온에서 15분 정도 중간 발효시킨다.

중간 발효 전.

중간 발효 후.

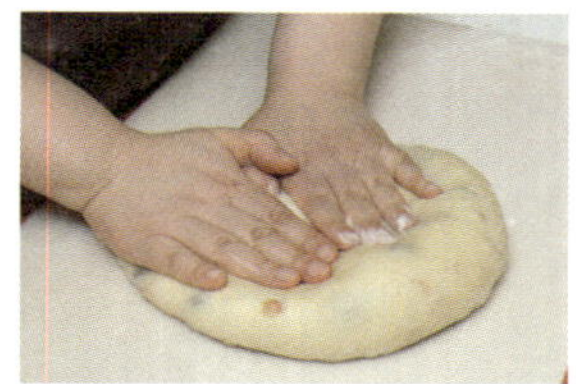

11 중간 발효로 다시 생긴 가스를 손바닥으로 지그시 눌러 빼면서 타원형으로 반죽을 펼친다.

12 펼친 반죽은 3절접기하여 윗부분을 삼각형 모양으로 접는다.

13 너무 단단하게 말지 않도록 주의하면서 볼륨감 있게 성형한다.

14 이음매 부분을 꼼꼼하게 마무리한다.

15 식빵틀 안쪽에 오일을 얇게 바르고 반죽을 균형 있게 팬닝해 윗면을 손등으로 살짝 누른다.

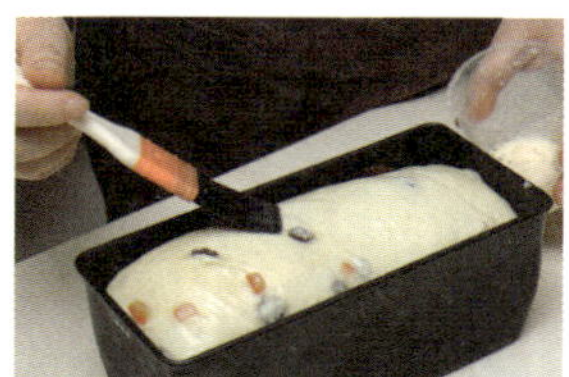

16 따뜻한 곳(30℃ 정도)에서 식빵틀 높이 정도로 올라올 때까지 2차 발효시킨 후 달걀물을 칠한다.

17 가위 끝부분으로 삼각형 모양이 이어지도록(톱니 모양처럼) 모양을 낸다.

18 170~180℃로 예열한 오븐에서 10분 정도 구워 오븐의 온도를 160~170℃로 낮추고 20~25분 정도 더 굽는다.
Jip 오븐 구조에 따라 윗면의 색이 많이 날 경우에는 여러 겹의 쿠킹포일로 덮어가며 색을 조절한다.

19 구워지면 틀에서 빼내어 식힘망에 올려 식힌다.

포카치아

포카치아는 이탈리아를 대표하는 빵으로 오븐이 생기기 전부터 만들어 온 빵이라고 해요.
올리브 오일과 허브로 맛을 내며 수프와 샐러드에 곁들어 먹거나 햄이나 채소, 치즈 등을 끼워 넣고
샌드위치를 만들어 먹기도 해요. 이탈리아 남부의 풀리아나 북부의 리그리아 지방의 포카치아가 유명해요.
또 지역에 따라 평소 요리를 하지 않는 아버지가 축하할 일이 생기면 직접 만들기도 한대요.

Yield
21.5(가로)×9.5(세로)×9(높이)
cm 식빵틀 1개

Ingredients

우리밀 강력분 324g
유기농 황설탕 9g
소금 6g
인스턴트 드라이이스트 4g
물 213g
발효종 100g
올리브오일 18g
로즈메리 약간

Topping Ingredients
방울토마토 적당량
블랙 올리브 적당량
데친 브로콜리 적당량
파르메산 치즈가루 약간
갈릭 로즈메리 올리브오일 적당량

Inactive Prep
● 발효종 만드는 법은 22쪽을 참조한다.
● 갈릭 로즈메리 올리브오일은 올리브오일에 다진 마늘과 로즈메리를 넣고 살짝 끓여 향을 낸다.

Directions
반죽 ▶
1차 발효(60분) ▶
중간 발효(15분) ▶
2차 발효(50분) ▶
굽기

Oven
200℃로 예열한 오븐에서 10분 ▶
180℃ 15~20분

1 볼에 가루 재료인 우리밀 강력분, 유기농 황설탕, 소금, 인스턴트 드라이이스트를 넣어 골고루 섞는다.
tip 인스턴트 드라이이스트는 유기농 황설탕, 소금과 닿지 않게 주의한다.

2 가루 재료가 고루 섞이면 수분 재료인 물, 발효종, 올리브오일을 넣고 마른 가루 없이 반죽을 한 덩어리로 뭉친다.
Tip 발효종이 준비되지 않은 경우 우리밀 강력분 60g, 소금 1.1g, 인스턴트 드라이이스트 0.7g, 물 41g을 더 넣어 반죽한다. 이때 소량 계량이 가능한 스푼 전자저울로 계량한다.

3 반죽을 작업대로 옮겨 밀고, 접고, 치대고, 내리치고를 반복하여 표면에 작은 기포가 생기고 매끄러워질 때까지 15분 정도 반죽한다.

4 반죽을 동그랗고 매끄럽게 만들어 볼에 넣어 따뜻한 곳에서 윗면이 마르지 않도록 면포나 랩으로 싸서 따뜻한 곳(30℃)에서 60분 정도 1차 발효시킨다.

5 집게손가락에 밀가루를 듬뿍 묻혀 1차 발효가 끝난 반죽의 중심을 깊이 찔러 생긴 구멍이 넓어지지도 좁아지지도 않는 상태가 되었는지 발효점을 확인한다.

6 작업대 위에 반죽을 올려 손으로 지그시 눌러 가스를 뺀다.

7 반죽 표면이 매끄러워지도록 둥글리기한다.

8 볼이나 플라스틱 용기 등으로 반죽을 덮어 실온에서 15분 정도 중간 발효시킨다.

중간 발효 전.

중간 발효 후.

9 팬에 올리브오일을 충분히 바르고 반죽을 고르게 팬닝하고 펼친 표면에 올리브오일을 뿌려 50분 정도 2차 발효시킨다.

2차 발효 후.

10 반죽 위에 토핑 재료인 방울토마토, 블랙 올리브, 데친 브로콜리를 얹고 파르메산 치즈가루를 뿌린 다음 갈릭 로즈메리 올리브오일을 바른다.

11 오븐을 200℃로 예열한 후 스프레이로 스팀을 준 다음 10분 정도 굽고 180℃로 온도를 낮춰 15~20분 정도 더 굽는다.

tip 작게 분할하여 구울 경우에는 170~180℃에서 15분 정도 굽는다.

12 틀에서 꺼내 식힘망에서 식힌 다음 적당한 크기로 자른다.
tip 식힌 후에 원하는 크기로 잘라야 모양이 더 예쁘다.

버터롤

버터롤을 만들어 햄과 치즈만 넣어 간단하게 샌드위치를 만들거나
감자 샐러드를 넣어 먹어도 맛있어요.
갓 구운 버터롤에 버터를 살짝 바르고 라즈베리잼을 발라 먹어도 좋아요.
버터롤의 성형이 어렵다면 중간 발효 후에 둥글리기하여
모닝롤처럼 만들어도 돼요.

Yield
9개

Ingredients

우리밀 강력분 198g
유기농 황설탕 20g
소금 3g
인스턴트 드라이이스트 3g
우유 113g
유정란 16g
버터 30g

달걀물 약간

Inactive Prep
달걀물은 달걀과 우유를 동량으로
섞어 준비한다.

Directions
반죽 ▶
1차 발효(50분) ▶
중간 발효(10분) ▶
2차 발효(35~40분) ▶
굽기

Oven
170℃로 예열한 오븐 11~12분

1 볼에 가루 재료인 우리밀
강력분, 유기농 황설탕, 소금,
인스턴트 드라이이스트를 넣어 잘
섞는다.
Tip 인스턴트 드라이이스트는 유기농
황설탕과 소금에 닿지 않게 주의한다.

2 가루 재료가 고루 섞이면
액체 재료인 우유와
유정란을 넣고 섞는다.

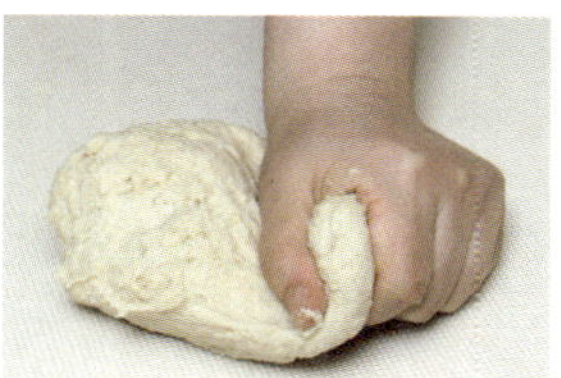

3 마른 가루 없이 반죽을
한 덩어리로 뭉쳐 작업대로
옮겨 손반죽을 시작한다.

4 부드러운 버터를 넣고
섞다가 버터가 어느
정도 섞이면 밀고, 접고, 치대고,
내리치고를 반복하여 반죽 표면에
작은 기포가 생기고 매끄러워질
때까지 20~25분 정도 반죽한다.

5 반죽을 동그랗고 매끄럽게
만들어 볼에 넣어 젖은
면포나 랩으로 싸서 윗면이 마르지
않도록 하여 따뜻한 곳(30℃)에서
50분 정도 1차 발효시킨다.

6 집게손가락에 밀가루를
듬뿍 묻혀 1차 발효가 끝난
반죽의 중심을 깊이 찔러 생긴
구멍이 넓어지지도 좁아지지도
않는 상태가 되었는지 발효점을
확인한다.
Tip 발효점은 손가락으로 찔러 보았을
때 생기는 구멍의 모양으로 확인하는데
이를 발효점 테스트라고 한다. 구멍이
오므라들면 아직 발효가 덜 된 상태,
확 넓어지면 과발효된 상태다. 손가락
모양대로 만들어지면 발효가 적당히 된
것이다.

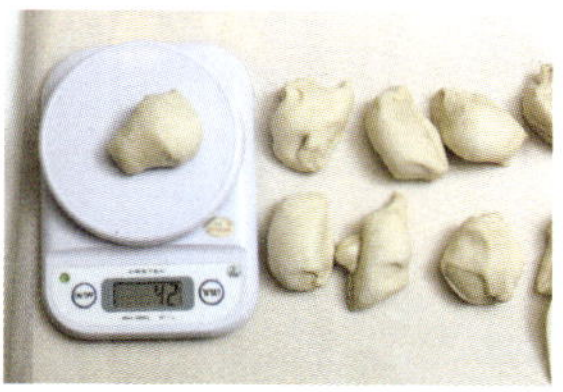

7 반죽을 9등분(약
42g씩)한다.

8 가스를 빼고 표면이
매끄럽도록 둥글리기한다.

9 둥글리기한 다음 올챙이 모양으로 꼬리를 만든다.

중간 발효 전.

중간 발효 후.

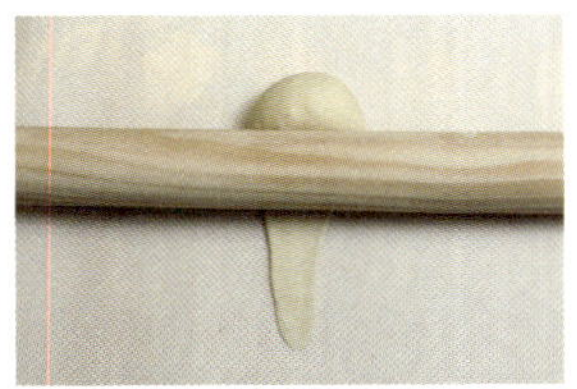 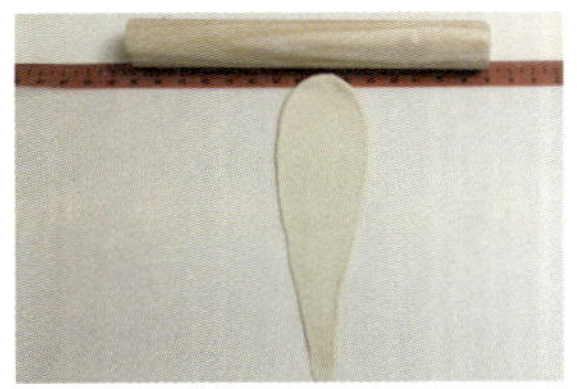 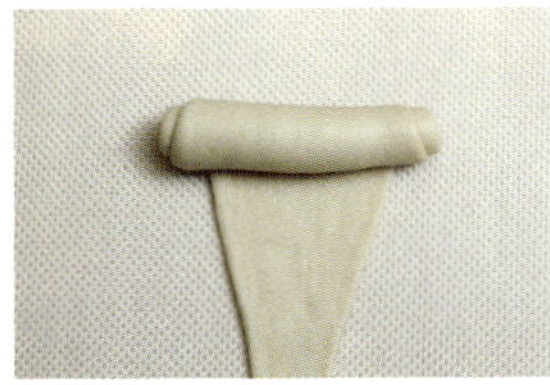 

10 중간 발효가 끝나면 반죽을 바닥에 내려놓고 뾰족한 부분을 밀대로 눌러 붙이고 둥근 부분도 납작하게 민다.

11 반죽을 일정한 두께로 민다.

12 둥근 부분부터 꼬리 쪽으로 돌돌 만다.

13 반죽이 풀리지 않도록 끝부분을 잘 붙여 마무리한다.

14 팬에 오일을 살짝 바르고 성형한 반죽을 올리고 따뜻한 곳(30℃)에서 35~40분 정도 2차 발효시킨다.
Tip 2차 발효시킬 때에는 면포나 랩을 씌우면 들러붙으므로 플라스틱 용기 등으로 덮어 윗면이 마르지 않도록 하여 발효시킨다.

2차 발효 후.
Tip 2차 발효 시점을 오버하면 라인이 뭉개져 모양이 좋지 않으므로 과발효 되지 않게 주의한다.

15 2차 발효가 끝나면 표면이 망가지지 않도록 주의하며 달걀물을 칠한다.

16 170℃로 예열한 오븐에서 11~12분 정도 굽는다.

레몬롤

파네토네틀에 길쭉하게 굽는 레몬롤이에요.
파네토네틀이 없을 땐 저처럼 캔을 재활용해서 만들어 보세요.
틀을 일부러 사지 않아도 훌륭한 레몬롤을 만들 수 있어요.

Yield
10(지름)×12(높이)cm
원형틀 1개

Ingredients
우리밀 강력분 160g
유기농 황설탕 39g
소금 3g
인스턴트 드라이이스트 3g
탈지분유 7g
레몬 제스트 1개분
유정란 32g
달걀노른자 16g
물 60g
레몬즙 4g
버터 48g

틀에 바를 녹인 버터 약간
달걀물 약간

Ingredients 글라사주
슈거파우더 80g
녹인 버터 8g
우유 8g
레몬즙 16g

Directions
반죽 ▶
1차 발효(50분) ▶
중간 발효(15분) ▶
2차 발효(40~45분) ▶
굽기

Oven
170℃로 예열한 오븐 20~25분

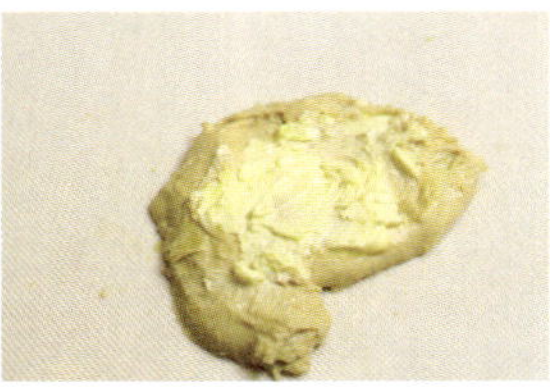

1 볼에 가루 재료인 우리밀 강력분, 유기농 황설탕, 소금, 인스턴트 드라이이스트, 탈지분유, 레몬 제스트를 넣고 잘 섞은 다음 유정란, 달걀노른자, 물, 레몬즙을 넣어 한 덩어리로 뭉친다.

2 반죽을 작업대로 옮겨 부드러운 버터를 섞는다.

3 버터가 어느 정도 섞이면 밀고, 접고, 치대고, 내리치고를 반복해 반죽의 표면에 작은 기포가 생기고 매끄러워질 때까지 20~25분 정도 반죽한다.

4 반죽을 동그랗고 매끄럽게 만들어 볼에 넣는다.

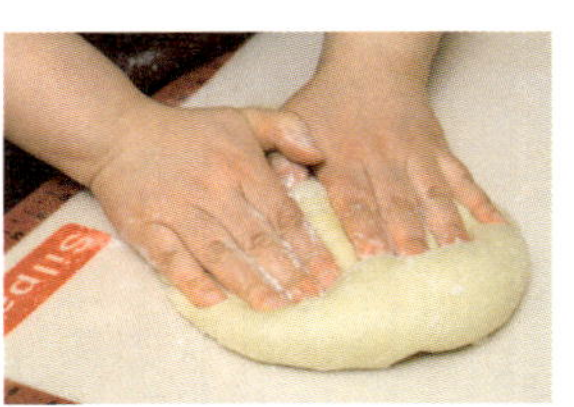

5 젖은 면포나 랩으로 싸서 윗면이 마르지 않도록 하여 따뜻한 곳(30℃)에서 50분 정도 1차 발효시킨 후 집게손가락에 밀가루를 듬뿍 묻혀 반죽의 중심을 깊이 찔러 발효점을 확인한다.

6 반죽을 작업대로 옮겨 손으로 지그시 눌러 가스를 뺀다.

7 표면이 매끄러워지도록 둥글리기한다.

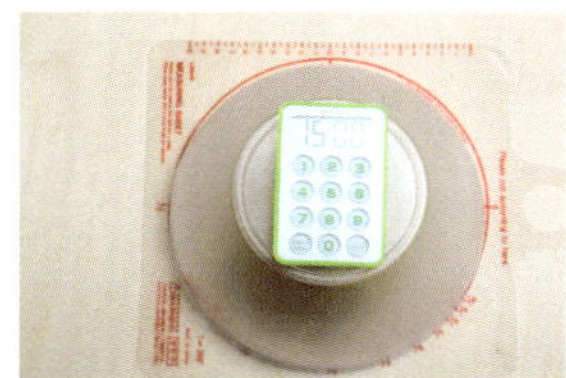

8 볼 등으로 덮어 마르지 않도록 하여 실온에서 15분 정도 중간 발효시킨다.

9 중간 발효로 다시 생긴 가스를 손으로 지그시 눌러 뺀다.

10 틀에 팬닝할 수 있도록 둥글게 성형한다.

11 틀 바닥에 버터 칠을 한 다음 틀의 바닥과 옆면에 종이포일을 끼우고 성형한 반죽을 넣는다.
Tip 버터를 틀의 군데군데 칠하면 틀에 종이포일이 잘 붙는다.

12 따뜻한 곳(30℃ 정도)에서 40~45분 정도 2차 발효시킨다.

13 2차 발효가 끝나면 표면이 망가지지 않도록 주의하며 달걀물을 칠한 후 170℃로 예열한 오븐에서 20~25분 정도 굽는다.
Tip 달걀물은 달걀과 우유를 동량으로 섞는다.

14 글라사주의 재료를 모두 섞어 레몬롤이 뜨거울 때 바른다.

15 틀에서 분리하여 식힘망에 올려 식힌다.

호두롤

도깨비 방망이처럼 생겼지요? 모양은 못났어도 맛은 좋아요.

아몬드크림을 올려 굽기 때문에 오븐에서 나온 빵을 한 김 식혀 바로 먹으면

겉은 바삭하고 속은 보들보들한 맛이 나요.

먹고 남은 빵은 냉동실에 넣어 두었다가 겉이 바삭할 정도로 살짝 데우면 갓 구운 빵과 같아져요.

Yield
5개

Ingredients

우리밀 강력분 133g
우리밀 중력분 57g
분유 6g
유기농 황설탕 29g
소금 3.5g
인스턴트 드라이이스트 3.5g
물 80g
유정란 38g
생크림 10g
버터 29g

아몬드크림 120g
다진 호두 적당량
달걀물 적당량

Directions
반죽 ▶
1차 발효(45~50분) ▶
중간 발효(10분) ▶
2차 발효(40~45분) ▶
굽기

Oven
170~180℃로 예열한 오븐
12~15분

1 볼에 가루 재료인 우리밀 강력분, 우리밀 중력분, 분유, 유기농 황설탕, 소금, 인스턴트 드라이이스트를 넣어 잘 섞는다.
Jip 인스턴트 드라이이스트는 유기농 황설탕과 소금에 닿지 않게 주의한다. 설탕, 소금과 닿으면 활성을 잃어 발효력이 떨어진다.

2 가루 재료가 고루 섞이면 액체 재료인 물, 유정란, 생크림을 넣어 마른 가루 없이 반죽을 섞는다.

3 반죽이 한 덩어리로 뭉쳐지면 작업대로 옮겨 부드러운 버터를 섞는다.

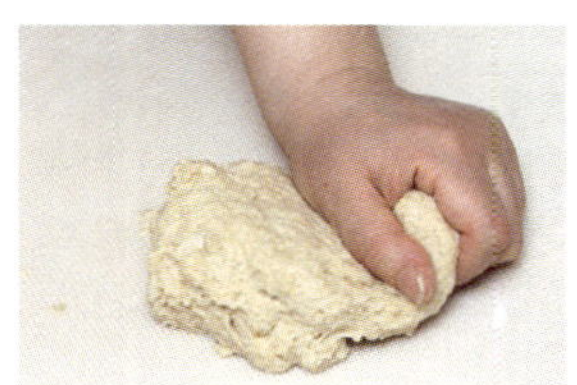

4 버터가 어느 정도 섞이면 밀고, 접고, 치대고, 내리치고를 15~20분 정도 반복한다.

아몬드크림 만들기

재료 버터 30g, 유기농 황설탕 간 것 30g, 소금 약간, 유정란 30g, 우리밀 중력분 5g, 아몬드파운드 25g, 럼 약간

Ⓐ 실온에 두어 부드러워진 버터를 잘 푼다.

Ⓑ 버터에 유기농 황설탕 간 것과 소금을 넣고 잘 섞는다.

Ⓒ Ⓑ에 실온에 꺼내 놓은 유정란을 4~5번에 나눠 넣고 분리되지 않도록 주의하며 섞는다.

Jip 겨울철에는 유정란을 체온 정도로 중탕해 소량씩 넣으면 분리 현상을 막을 수 있다.

Ⓓ Ⓒ에 우리밀 중력분과 아몬드파우더를 함께 체에 쳐서 넣어 섞은 다음 럼을 넣는다.

5 반죽을 동그랗고 매끄럽게 만들어 볼에 넣어 젖은 면포나 랩으로 싸서 윗면이 마르지 않도록 하여 따뜻한 곳(30℃)에서 45~50분 정도 1차 발효시킨다.

6 집게손가락에 밀가루를 듬뿍 묻혀 1차 발효가 끝난 반죽의 중심을 깊이 찔러 생긴 구멍이 넓어지지도 좁아지지도 않는 상태가 되었는지 발효점을 확인한다.

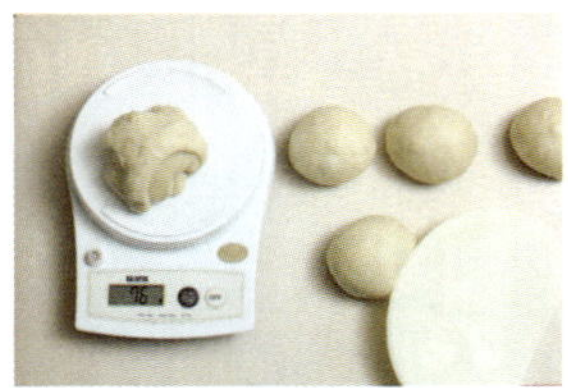

7 반죽을 5등분(약 76g씩)하여 둥글리기한다.

8 왼손 바닥에 반죽을 올려 오른손으로 반죽을 감싸 꼬집듯 굴린다.

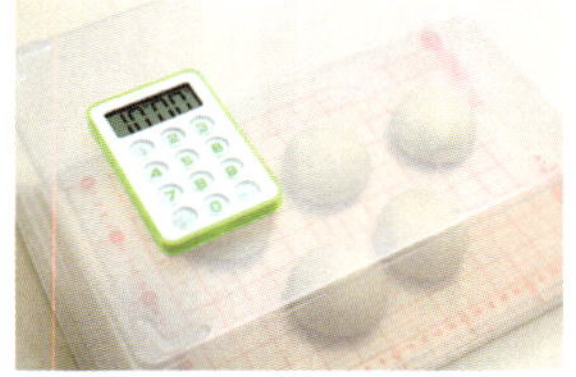

9 플라스틱 용기 등으로 덮어 실온에서 10분 정도 중간 발효시킨다.

중간 발효 전.

중간 발효 후.

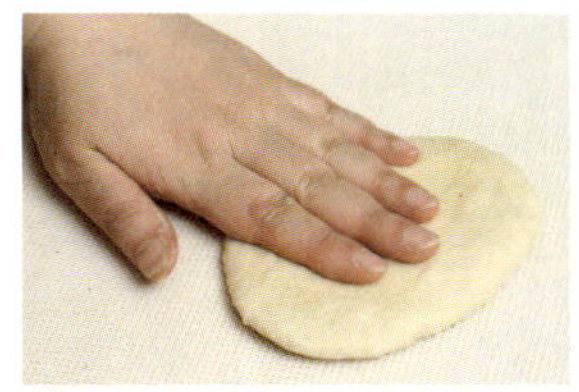

10 중간 발효가 끝난 반죽은 손바닥으로 눌러 가스를 뺀다.

11 위에서 아래로 돌돌 만다.

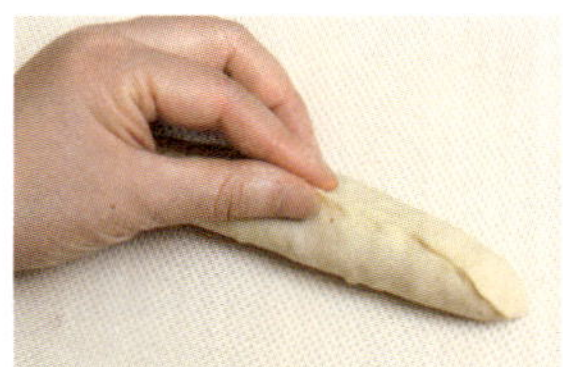

12 이음매 부분, 즉 반죽이 말린 끝부분은 손끝으로 꼬집어 단단히 마무리한다.

13 고구마 모양으로 성형한다.

14 반죽에 달걀물을 바르고 다진 호두를 고르게 묻힌다.

15 팬에 오일을 살짝 바르고 성형한 반죽을 올려 플라스틱 용기 등으로 덮어 윗면이 마르지 않도록 하여 따뜻한 곳(30℃)에서 40~45분 정도 2차 발효시킨다.

2차 발효 후.

16 아몬드크림을 고르게 짠다.

17 170~180℃로 예열한 오븐에서 12~15분 정도 굽는다.

감자 베이컨 하드롤

큰아이를 갖고 입덧이 심했다가 가라앉을 즈음 백화점 지하에서 감자 베이컨을 넣은
하드롤을 우연히 사 먹고 기운을 차린 적이 있어요. 그 기억을 더듬어 만들어 봤어요.
그래서일까요? 큰아이가 정말 맛있다며 극찬을 하네요.

Yield

6개

Ingredients

우리밀 강력분 206g
유기농 황설탕 5g
소금 4g
인스턴트 드라이이스트 3g
우유 25g
물 105g
올리브오일 10g

삶은 감자 6조각
파르메산 치즈가루 약간
베이컨 6장

Inactive Prep

감자는 삶아 뜨거울 때 파르메산
치즈가루를 뿌려 간이 배도록 미리
준비한다.

Directions

반죽 ▶
1차 발효(55~60분) ▶
중간 발효(15분) ▶
2차 발효(35~40분) ▶
굽기

Oven

200℃로 예열한 오븐 10분 ▶
170℃ 10분

1 볼에 가루 재료인 우리밀 강력분, 유기농 황설탕, 소금, 인스턴트 드라이이스트를 넣어 잘 섞는다.
Tip 인스턴트 드라이이스트는 유기농 황설탕과 소금에 닿지 않게 주의한다.

2 가루 재료가 고루 섞이면 액체 재료인 우유, 물, 올리브오일을 넣어 섞는다.

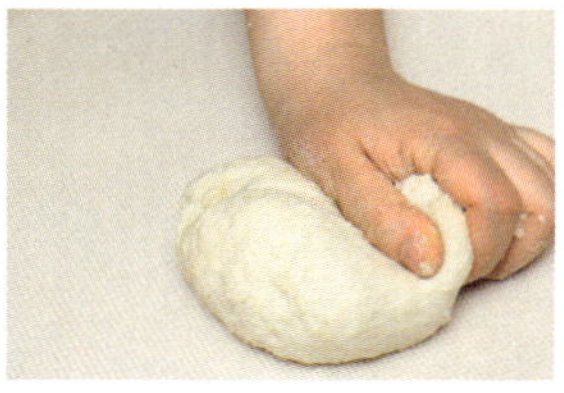

3 반죽이 한 덩어리가 되면 작업대로 옮겨 밀고, 접고, 치대고, 내리치고를 반복하여 반죽 표면에 작은 기포가 생기고 매끄러워질 때까지 15~20분 정도 반죽한다.

4 반죽을 동그랗고 매끄럽게 만들어 볼에 넣어 젖은 면포나 랩으로 싸서 윗면이 마르지 않도록 하여 따뜻한 곳(30℃)에서 55~60분 정도 1차 발효시킨다.

5 집게손가락에 밀가루를 듬뿍 묻혀 1차 발효가 끝난 반죽의 중심을 깊이 찔러 생긴 구멍이 넓어지지도 좁아지지도 않는 상태가 되었는지 발효점을 확인한다.

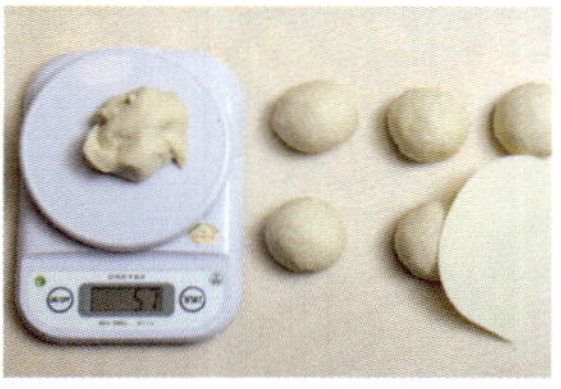

6 반죽을 6등분(약 57g씩)한다.

7 반죽의 가스를 빼며 표면이 매끄럽도록 둥글리기한다.

8 플라스틱 용기 등으로 덮어 실온에서 15분 정도 중간 발효시킨다.

9 중간 발효시키는 동안 베이컨에 감자를 얹어 돌돌 만다.

중간 발효 후.

10 중간 발효가 끝난 반죽은 손바닥으로 살짝 눌러 가스를 뺀다.

11 반죽에 베이컨으로 감싼 감자를 올리고 잘 오무려 밑부분을 꼬집어 마무리한다.

12 팬에 오일을 살짝 바르고 성형한 반죽을 올려 플라스틱 용기 등으로 덮어 윗면이 마르지 않도록 하여 따뜻한 곳(30℃)에서 35~40분 정도 2차 발효시킨다.

13 가위 끝에 물을 묻혀 십자(+)모양으로 가위집을 낸다.

14 200℃로 예열한 오븐에 스프레이로 스팀을 주고 반죽을 넣어 10분 정도 굽고 오븐 온도를 170℃로 낮춰 10분 정도 더 굽는다.

와인
브레드

빵에 와인을 넣어도 구울 때 알코올이 날아가 아이들이 먹어도 문제없어요.
보드랍고 쫄깃한 빵에 건과일과 견과류가 씹혀 먹는 즐거움이 있어요.
워낙 맛있는 빵이라 치즈와 채소만 넣으면 간단하게 샌드위치를 만들 수 있어요.

Yield

2개

Ingredients

우리밀 강력분 202g
유기농 황설탕 23g
소금 4g
인스턴트 드라이이스트 4g
우유 62g
레드 와인 66g
발효종 90g
버터 7g
호두 45g
건포도 60g
크림치즈 적당량

Inactive Prep

● 호두는 끓는 물에 데쳐 쓴맛을 뺀 다음 150℃로 예열한 오븐에서 노릇하게 구워 준비한다. 건포도는 럼에 넣어 재운다. 이를 전처리라고 한다.
● 발효종은 미리 반죽하여 발효시켜 둔 반죽을 말한다. 만드는 법은 22쪽을 참조한다.

Directions

반죽 ▶
1차 발효(45~50분) ▶
중간 발효(15분) ▶
2차 발효(45~50분) ▶
굽기

Oven

170~180℃로 예열한 오븐
15~17분

1 볼에 가루 재료인 우리밀 강력분, 유기농 황설탕. 소금. 인스턴트 드라이이스트를 넣어 잘 섞는다.
tip 인스턴트 드라이이스트는 유기농 황설탕과 소금에 닿지 않게 주의한다.

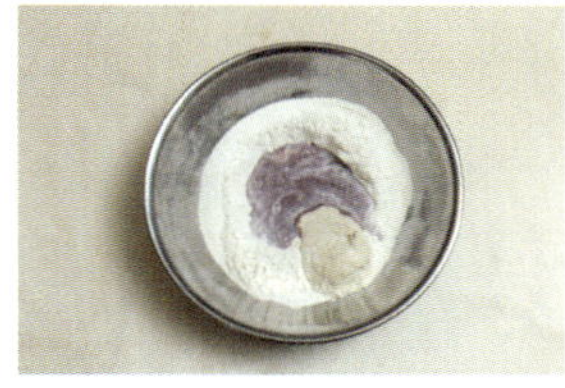

2 가루 재료가 고루 섞이면 우유, 레드 와인. 발효종을 넣어 마른 가루 없이 반죽이 한 덩어리가 되도록 섞는다.
tip 발효종은 미리 반죽하여 발효시켜 둔 반죽을 말한다. 발효종이 없다면 우리밀 강력분 54g, 소금 1g, 인스턴트 드라이이스트 0.6g, 물 37g을 더 넣어 반죽한다.

3 반죽이 한 덩어리가 되면 작업대로 옮겨 치댄 후 부드러운 버터를 얹는다.

4 반죽 표면에 작은 기포가 생기고 매끄러워질 때까지 밀고, 접고, 치대고, 내리치고를 반복하며 20분 정도 반죽한다.

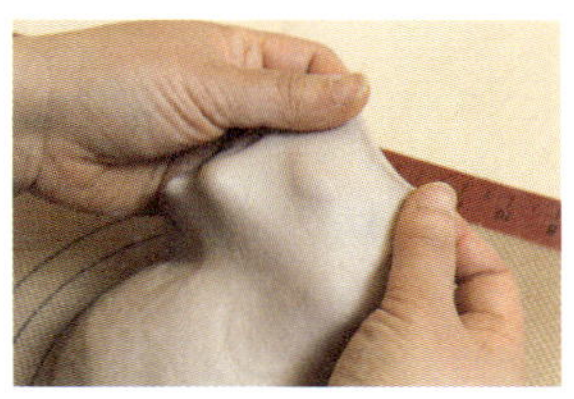

5 반죽을 얇게 늘려 보아 손가락이 비쳐질 정도로 얇은 글루텐 막이 만들어졌는지 확인한다.

6 호두와 건포도를 반죽에 얹는다.

7 돌돌 말아접기를 하여 호두와 건포도를 반죽에 잘 섞는다.

8 반죽을 동그랗고 매끄럽게 만들어 볼에 넣어 젖은 면포나 랩으로 싸서 윗면이 마르지 않도록 하여 따뜻한 곳(30℃)에서 45~50분 정도 1차 발효시킨다.

9 집게손가락에 밀가루를 듬뿍 묻혀 반죽의 중심을 깊이 찔러 생긴 구멍이 넓어지지도 좁아지지도 않는 상태가 되었는지 확인한다.

10 반죽을 2등분(약 280g씩) 한다.

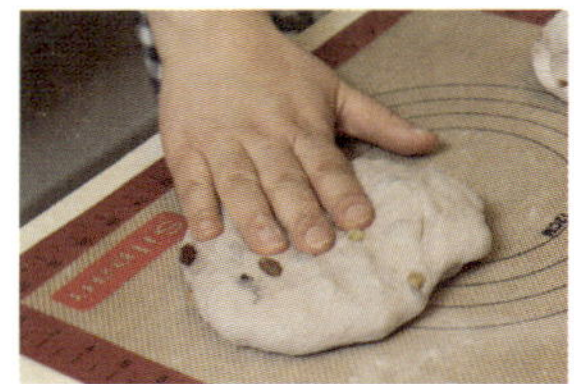

11 반죽을 손으로 지그시 눌러 가스를 뺀다.

12 표면이 매끄러워지도록 둥글리기한다.

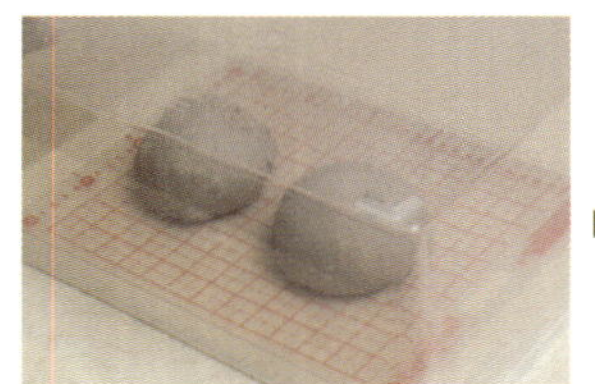

13 플라스틱 용기 등으로 덮어 마르지 않도록 하여 실온에서 15분 정도 중간 발효시킨다.

중간 발효 전.

중간 발효 후.

14 중간 발효로 다시 생긴 가스를 손바닥으로 지그시 눌러 빼면서 타원형으로 반죽을 펼친다.

15 3절접기한다.

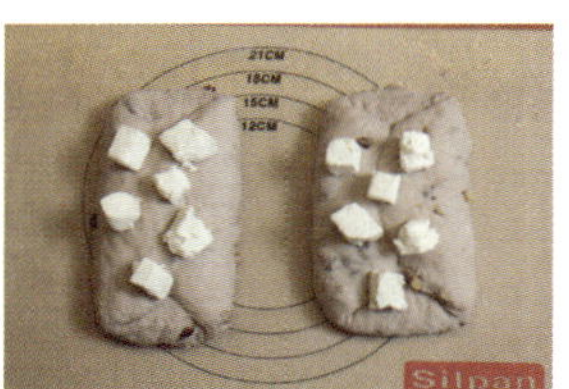

16 가로, 세로 1.5cm 크기로 자른 크림치즈를 적당히 얹는다.

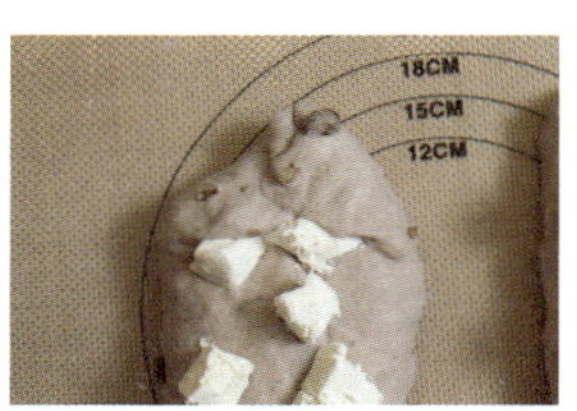

17 윗부분을 삼각형 모양으로 접는다.

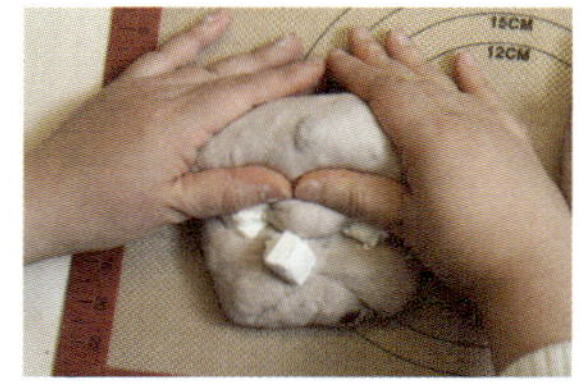

18 돌돌 말아 볼륨감 있게 성형한다.

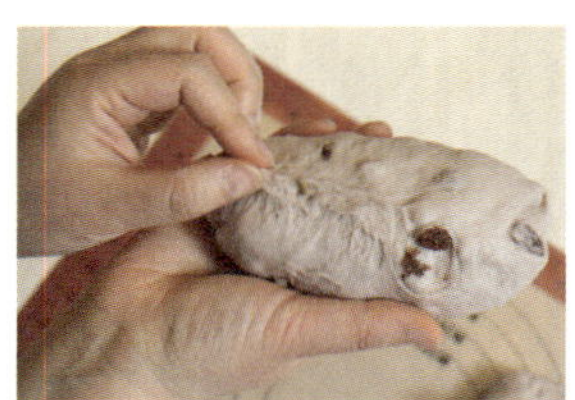

19 이음매 부분을 꼼꼼하게 마무리한다.

20 팬에 오일을 얇게 바르고 반죽을 얹어 45~50분 정도 2차 발효시킨다.

21 통밀가루를 가볍게 뿌린다. 기포가 꺼지지 않도록 주의하며 쿠프(칼집넣기)를 낸다.

22 210℃로 예열한 오븐에 스프레이로 물을 뿌리고 170~180℃에서 15~17분 정도 굽는다.

잉글리시 머핀

요즘 유행하는 에그 베네딕트를 만들 때 꼭 필요한 잉글리시 머핀이에요.
사서 먹어보면 별로 맛있게 느껴지지 않을 수 있지만 직접 만들면
'이렇게 맛있는 빵이었구나!' 하실 거예요.
틀이 없다면 두꺼운 도화지를 2.5cm 폭, 10cm 정도의 지름이 되도록 잘라
쿠킹포일로 감싸서 링 모양으로 만들어 사용하면 돼요.
급조한 틀이지만 아주 잘 구워져요.

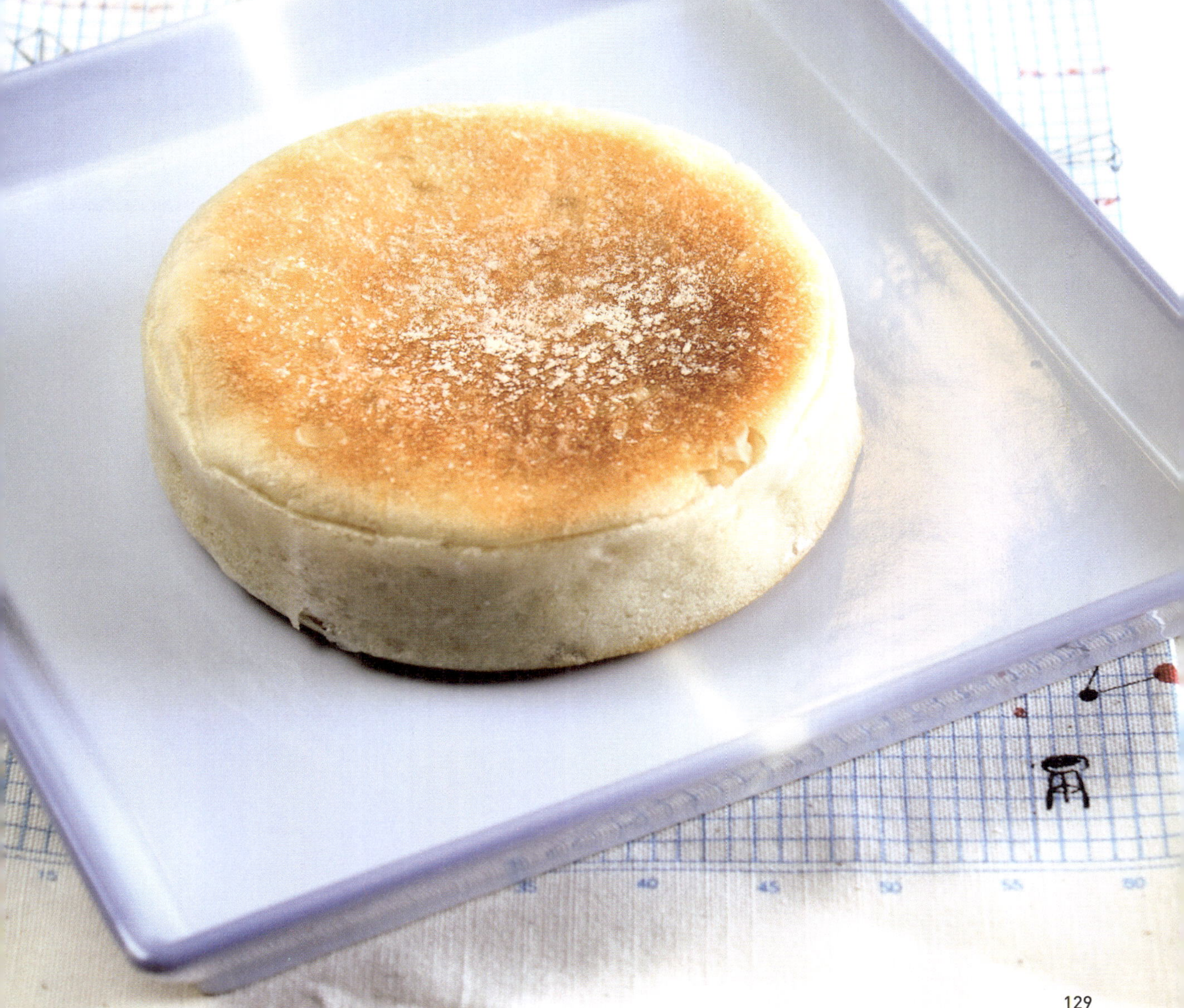

Yield

10(지름)×2.5(높이)cm
원형틀 10개

Ingredients

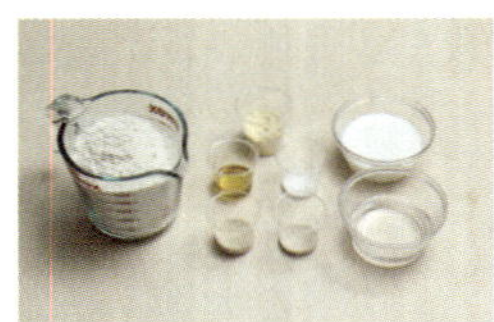

우리밀 강력분 290g
유기농 황설탕 12g
소금 5g
인스턴트 드라이이스트 4g
우유 110g
물 82g
올리브오일 12g
옥수수가루 약간

Directions

반죽 ▶
1차 발효(45~50분) ▶
중간 발효(10분) ▶
2차 발효(틀의 80%까지) ▶
굽기

Oven

170~180℃로 예열한 오븐
12분

1 볼에 가루 재료인 우리밀 강력분, 유기농 황설탕, 소금, 인스턴트 드라이이스트를 넣어 잘 섞는다.
tip 인스턴트 드라이이스트는 유기농 황설탕과 소금에 닿지 않게 주의한다.

2 가루 재료가 고루 섞이면 액체 재료인 우유, 물, 올리브오일을 넣어 마른 가루 없이 반죽을 한 덩어리로 뭉친다.

3 반죽을 작업대로 옮겨 반죽 표면에 작은 기포가 생기고 매끄러워질 때까지 밀고, 접고, 치대고, 내리치고를 20분 정도 반복하여 반죽한다.

4 반죽을 동그랗고 매끄럽게 만들어 볼에 넣어 젖은 면포나 랩으로 싸서 윗면이 마르지 않도록 하여 따뜻한 곳(30℃)에서 45~50분 정도 1차 발효시킨다.

5 집게손가락에 밀가루를 듬뿍 묻혀 1차 발효가 끝난 반죽의 중심을 깊이 찔러 구멍이 넓어지지도 좁아지지도 않는 상태가 되었는지 발효점을 확인한다.

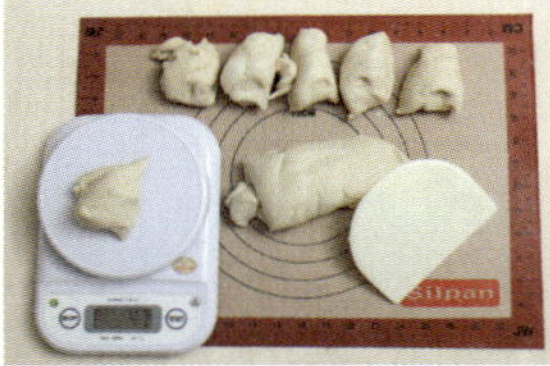

6 반죽을 10등분(약 51g씩)한다.

7 왼손 바닥에 반죽을 올려 가스를 빼면서 봉긋하고 매끄럽게 둥글려 성형한다.

8 플라스틱 용기 등을 덮어 실온에서 10분 정도 중간 발효한다.

중간 발효 전.

중간 발효 후.

9 중간 발효를 하는 동안 팬에 틀을 얹고 틀에 버터를 바르거나 테플론 시트를 끼워 넣는다.

10 옥수수가루를 뿌린다.

11 왼손 바닥에 반죽을 올려 중간 발효 중 생긴 가스를 빼면서 봉긋하고 매끄럽게 둥글려 성형한다.

12 틀의 중앙에 반죽을 넣고 가볍게 누른다.

13 플라스틱 용기 등으로 덮어 윗면이 마르지 않도록 하여 따뜻한 곳(30℃)에서 틀의 80% 정도의 부피가 될 때까지 2차 발효시킨다.

2차 발효 후.

14 반죽에 옥수수가루를 살짝 뿌린다.

15

16 팬으로 덮는다.
tip 팬을 덮어야 납작한 모양으로 구울 수 있다.

17 170~180℃로 예열한 오븐에서 12분 정도 구워 틀에서 빼내어 식힌다.

부추 잉글리시 머핀

아이들은 맥모닝을 참 좋아하더군요. 양상추 한 장 없이 베이컨, 달걀, 치즈만 넣은 것이 뭐 그리 맛있을까? 싶어요.
집에서 만들어 줄 때는 양상추 한 장을 넣고 만들어 주는데 그것만 쏙 빼놓고 먹길래 반죽에 채소를 넣었더니
포기하고 먹더라고요. 의외로 채소 향이 맛있게 느껴지고 베이컨이나 달걀의 비린내도 사라져요.

Yield

10(지름)×2.5(높이)cm
원형틀 10개

Ingredients

우리밀 강력분 240g
탈지분유 12g
유기농 황설탕 14g
소금 4g
인스턴트 드라이이스트 4g
부추즙 155g
발효종 80g
올리브오일 12g
다진 부추 30g
다진 빨강 파프리카 40g
다진 양파 40g

옥수수가루 적당량

Inactive Prep

● 부추즙은 데쳐 수분을 제거한
부추 15g과 물 140g을 섞어 갈아
155g을 준비한다.
● 다진 부추 30g, 다진 빨강 파프
리카 40g, 다진 양파 40g을 약간의
올리브오일을 두른 팬에 볶는다.
● 발효종 만드는 법은 22쪽을 참
조한다.

Directions

반죽 ▶
1차 발효(50분) ▶
중간 발효(10분) ▶
2차 발효(틀의 80%까지) ▶
굽기

Oven

170℃로 예열한 오븐 12분

1 볼에 가루 재료인 우리밀
강력분, 탈지분유,
유기농 황설탕, 소금, 인스턴트
드라이이스트를 넣어 잘 섞는다.
Tip 인스턴트 드라이이스트는 유기농
황설탕과 소금에 닿지 않게 주의한다.

2 가루 재료가 고루 섞이면
액체 재료인 부추즙,
발효종, 올리브오일을 넣어 마른
가루 없이 반죽을 한 덩어리로
뭉친다.
Tip 발효종이 준비되지 않은 경우
우리밀 강력분 47g, 소금 0.9g,
인스턴트 드라이이스트 0.5g, 물 32g을
더 넣어 반죽한다. 이때 소량 계량이
가능한 스푼 전자저울로 계량한다.

3 반죽을 작업대로 옮겨 밀고,
접고, 치대고, 내리치고를
15～20분 정도 반복하여 반죽한다.

4 반죽에 채소볶음(다진 쿠추,
다진 빨강 파프리카, 다진
양파)을 넣고 고루 섞는다.

5 반죽을 동그랗고 매끄럽게
만들어 볼에 넣어 젖은
면포나 랩으로 싸서 윗면이 마르지
않도록 하여 따뜻한 곳(30℃)에서
50분 정도 1차 발효시킨다.

6 집게손가락에 밀가루를
듬뿍 묻혀 1차 발효가
끝난 반죽의 중심을 깊이 찔러
구멍이 넓어지지도 좁아지지도
않는 상태가 되었는지 발효점을
확인한다.

7 반죽을 10등분(약 59g씩)한다.

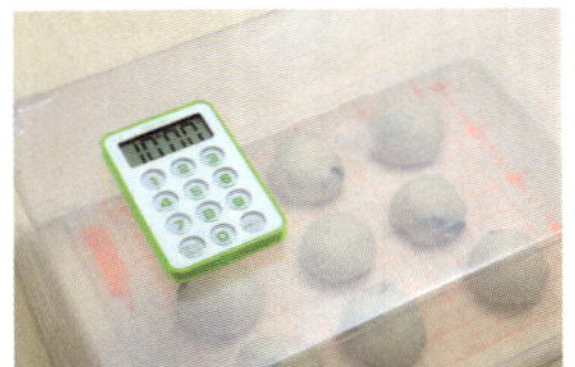

8 왼손 바닥에 반죽을 올려 가스를 빼면서 봉긋하고 매끄럽게 둥굴려 성형한다. 플라스틱 용기 등으로 덮어 실온에서 10분 정도 중간 발효시킨다.

9 팬에 틀을 얹고 틀에 테플론 시트나 종이포일을 잘라 넣고 옥수수가루를 뿌린다.

10 왼손 바닥에 반죽을 올려 중간 발효 중 생긴 가스를 빼면서 봉긋하고 매끄럽게 둥글려 성형한다.

11 틀의 중앙에 반죽을 넣는다.

12 플라스틱 용기 등으로 덮어 윗면이 마르지 않도록 하여 따뜻한 곳(30℃)에서 틀의 80% 정도의 부피가 될 때까지 2차 발효시킨다.

13 반죽에 옥수수가루를 살짝 뿌리고 테플론 시트나 종이포일로 덮는다.

14 팬으로 덮는다.

Tip 팬을 덮어야 납작한 모양으로 구울 수 있다.

15 170℃로 예열한 오븐에서 12분 정도 구워 틀에서 빼내어 식힌다.

일명 꽈배기예요. 남편이 정말 좋아하는 빵 도넛이에요.
그렇지만 자주 못 만드는 빵이기도 해요.
남편이 미워서가 아니고 자제력을 잃고 너무 많이 먹어서 무서워서 자주 못 만들어요.
오랜만에 남편에게 만들어 줘야겠어요.

Ingredients

우리밀 강력분 198g
우리밀 중력분 50g
너트메그 1g
레몬 제스트 1/2개분
유기농 황설탕 24g
소금 4g
인스턴트 드라이이스트 8g
물 42g
우유 77g
유정란 37g
버터 30g
튀김기름 적당량
유기농 황설탕 적당량
시나몬파우더 약간

Directions

반죽 ▶
1차 발효(40~45분) ▶
중간 발효(10분) ▶
2차 발효(30분) ▶
튀기기

1 볼에 가루 재료인 우리밀 강력분, 우리밀 중력분, 너트메그, 레몬 제스트, 유기농 황설탕, 소금, 인스턴트 드라이이스트를 넣어 잘 섞는다.
Tip 인스턴트 드라이이스트는 유기농 황설탕과 소금에 닿지 않게 주의한다.

2 가루 재료가 고루 섞이면 물, 우유, 유정란을 넣어 섞는다.

3 반죽이 한 덩어리로 뭉쳐지면 작업대로 옮겨 부드러운 버터를 섞는다.

4 버터가 어느 정도 섞이면 밀고, 접고, 치대고, 내리치고를 반복해 반죽의 표면에 작은 기포가 생기고 매끄러워질 때까지 15~20분 정도 반죽한다.

5 반죽을 동그랗고 매끄럽게 만들어 볼에 넣어 젖은 면포나 랩으로 싸서 윗면이 마르지 않도록 하여 따뜻한 곳(30℃)에서 40~45분 정도 1차 발효시킨다.

6 집게손가락에 밀가루를 듬뿍 묻혀 1차 발효가 끝난 반죽의 중심을 깊이 찔러 생긴 구멍이 넓어지지도 좁아지지도 않는 상태가 되었는지 발효점을 확인한다.

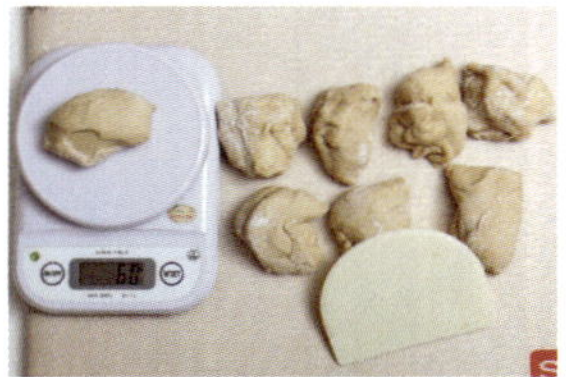

7 반죽을 8등분(약 60g씩)한다.

8 왼손 바닥에 반죽을 올려 오른손으로 반죽을 감싸 꼬집듯 둥글린다.

9 가스를 빼며 표면이 매끄럽게 둥글리기한다.

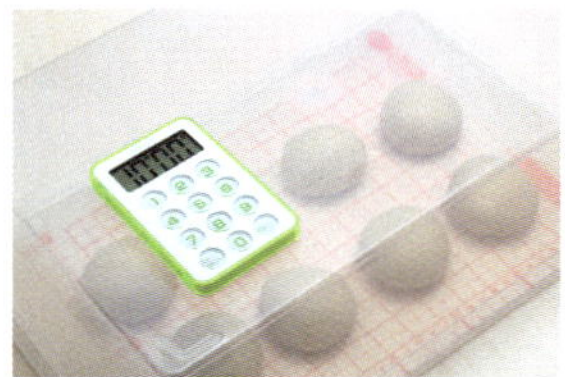

10 플라스틱 용기 등으로 덮어 실온에서 10분 정도 중간 발효시킨다.

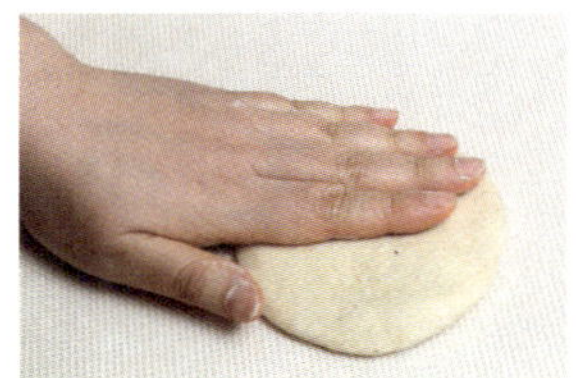

11 중간 발효가 끝난 반죽은 손바닥으로 눌러 가스를 뺀다.

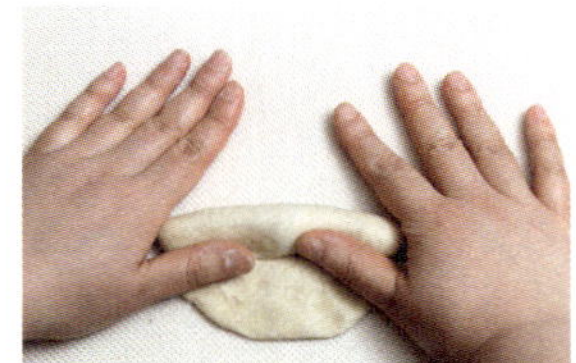

12 반죽을 돌돌 만다.

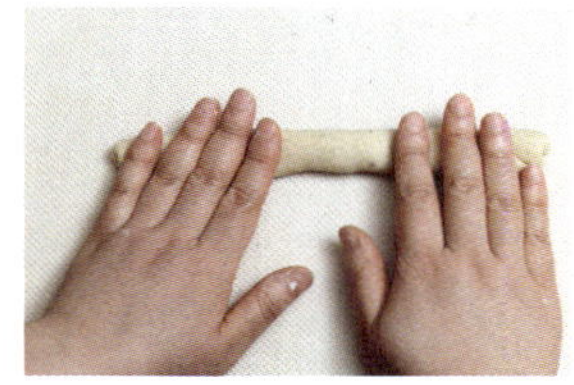

13 반죽에 양손을 얹고 위아래로 살살 둥글려 길게 늘인다.

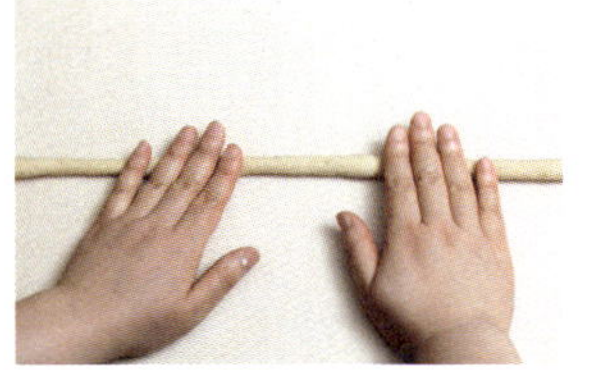

14 30cm 정도가 되도록 민다.

15 반죽의 양 끝을 잡고 한 쪽 방향으로 비튼 다음 양 끝을 붙인다.

16 팬에 오일을 넉넉히 바르고 팬닝한다.

Tip 두께가 고르게 성형한다. 또 팬에 오일을 바르고 팬닝해야 2차 발효 후 팬에서 잘 떨어진다.

17 플라스틱 용기 등으로 덮어 윗면이 마르지 않도록 하여 따뜻한 곳(30℃)에서 30분 정도 2차 발효시킨다.

Tip 2차 발효 시간을 길게 잡으면 반죽을 손으로 잡기 어려워 튀길 때 힘들다.

2차 발효 후.

18 180℃의 튀김기름에 반죽을 넣어 한 면당 1분 정도씩 튀긴다.

19 한 김 식혀 유기농 황설탕에 시나몬파우더를 1% 정도 섞은 시나몬 유기농 황설탕을 묻힌다.

메이플 브레드

메이플 슈거는 단풍나무 수액을 끓여 만드는데 쉽게 타서 세심한 기술이 필요하다고 해요.
단풍나무 수액의 단맛을 농축시켜 동량의 설탕보다 2배나 단 메이플 슈거로 만든 메이플 브레드.
설탕과는 다른 깊고 기분 좋은 단맛이 나요. 단 일반 설탕으로 만들 때에는 설탕 양을 조금 줄이세요.

Yield
15(지름)×2(높이)cm
원형틀 1개

Ingredients

우리밀 강력분 180g
메이플 슈거 25g
소금 3g
인스턴트 드라이이스트 3g
물 25g
우유 63g
생크림 30g
버터 27g
녹인 버터 약간
메이플 슈거 적당량
다진 호두 적당량
메이플 시럽 적당량

Directions
반죽 ▶
1차 발효(45~50분) ▶
2차 발효(45~50분) ▶
굽기

Oven
170℃로 예열한 오븐 25~30분

1 볼에 가루 재료인 우리밀 강력분, 메이플 슈거, 소금, 인스턴트 드라이이스트를 넣어 잘 섞는다.
Tip 인스턴트 드라이이스트는 유기농 황설탕과 소금에 닿지 않게 주의한다.

2 가루 재료가 고루 섞이면 액체 재료인 물, 우유, 생크림을 넣어 마른 가루 없이 반죽이 한 덩어리가 되도록 잘 섞는다.

3 반죽이 한 덩어리로 뭉쳐지면 부드러운 버터(27g)를 섞는다.

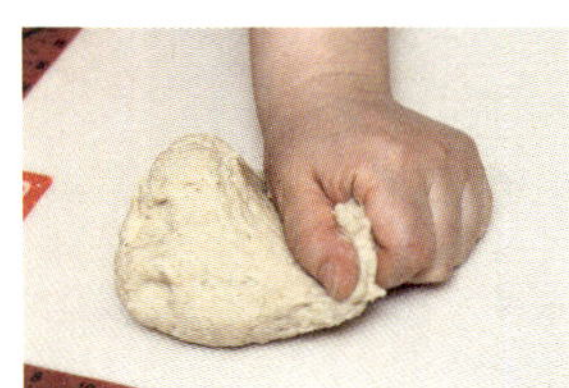

4 작업대로 옮겨 버터가 어느 정도 섞이면 15~20분 정도 밀고, 접고, 치대고, 내리치고를 반복하며 손반죽한다.

5 반죽을 동그랗고 매끄럽게 만들어 볼에 넣어 젖은 면포나 랩으로 싸서 윗면이 마르지 않도록 하여 따뜻한 곳(30℃)에서 45~50분 정도 1차 발효시킨다.

6 집게손가락에 밀가루를 듬뿍 묻혀 1차 발효가 끝난 반죽의 중심을 깊이 찔러 구멍이 넓어지지도 좁아지지도 않는 상태가 되었는지 발효점을 확인한다.

7 1차 발효가 끝난 반죽은 작업대에 올려 밀대로 민다.

8 반죽에 녹인 버터를 얇게 바르고 메이플 슈거를 뿌린다.

9 다진 호두에 메이플 시럽을 넣고 섞는다.
Tip 시나몬파우더를 약간 섞으면 더 맛이 좋다. 또 메이플 시럽이 없다면 넣지 않아도 된다.

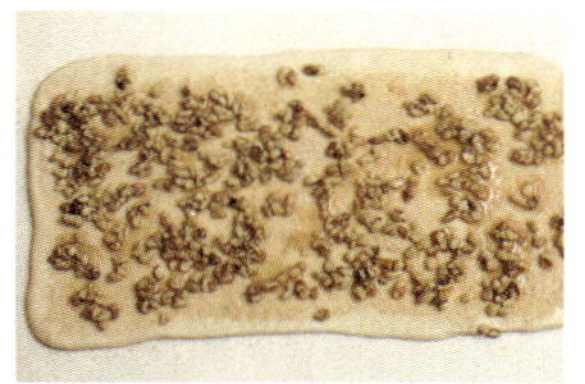

10 반죽에 다진 호두를 골고루 올린다.

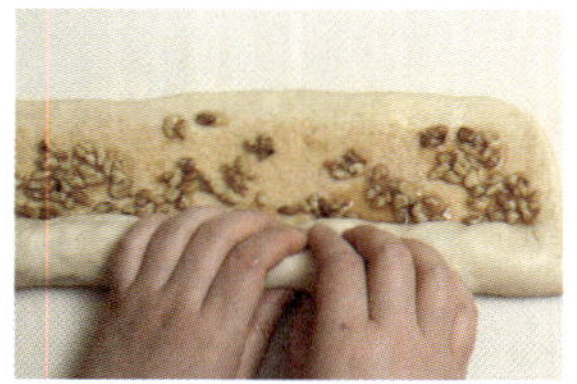

11 반죽의 아래쪽부터 단단하게 말아 올린다.

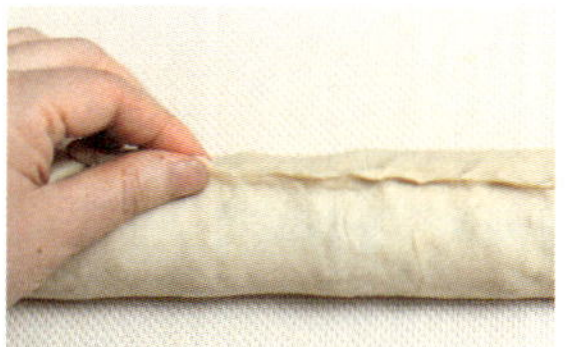

12 이음매 부분은 손끝으로 꼬집어 단단히 마무리한다.

13 무명실이나 낚싯줄로 반죽을 10등분한다.
Tip 무명실이나 낚싯줄로 자르지 않고 칼로 썰면 호두가 삐져나온다.

14 팬에 오일을 살짝 바르고 반죽을 팬닝한다.

15 플라스틱 용기 등으로 덮어 윗면이 마르지 않도록 하여 따뜻한 곳에서(30℃ 정도) 45~50분 정도 2차 발효시킨다.

16 170℃로 예열한 오븐에서 25~30분 정도 굽는다.

17 구워지면 틀에서 빼내어 식힘망에 올려 식힌다.

브리오슈 유자

상큼한 과즙이 뚝뚝 흘러내리는 유자를 썰어 유자청을 만들어 차로 마셔도 좋고
브리오슈에 넣어도 좋아요. 유자 향과 고소한 버터 향이 식욕을 돋우는 찰떡궁합 브리오슈 유자예요.
브리오슈는 프랑스인들이 즐겨 먹는 빵으로 버터와 달걀을 넣어 부드럽고 겉은 파삭파삭한 식감이 일품이에요.
브리오슈 유자에는 커피나 핫 초콜릿을 곁들이면 좋아요.

Yield
4(밑지름)×5(높이)
비중컵 12개

Ingredients

우리밀 강력분 215g
유기농 황설탕 39g
소금 4g
인스턴트 드라이이스트 4g
우유 50g
유정란 82g
달걀노른자 9g
버터 82g
수분을 제거하고 다진 유자청 70g

버터 약간
달걀물 약간

Directions
반죽 ▶
1차 발효(45~50분) ▶
중간 발효(10분) ▶
2차 발효(40~45분) ▶
굽기

Oven
170℃로 예열한 오븐 12~13분

1 볼에 가루 재료인 우리밀 강력분, 유기농 황설탕, 소금, 인스턴트 드라이이스트를 넣어 잘 섞은 다음 액체 재료인 우유, 유정란, 달걀노른자를 넣는다.
Tip 인스턴트 드라이이스트는 유기농 황설탕과 소금에 닿지 않게 주의한다.

2 마른 가루 없이 한 덩어리가 되도록 잘 섞는다.

3 한 덩어리로 뭉쳐지면 작업대로 옮겨 밀고, 접고, 치대고, 내리치고를 20분 정도 반복하며 손반죽한다.

4 반죽이 매끄러워지면 부드러운 버터를 2번에 나눠 섞는다.

5 반죽 표면에 작은 기포가 생기고 매끄러워질 때까지 반죽한다.

6 다진 유자청을 섞어 반죽을 완성한다.
Tip 유자청에 수분이 많으면 반죽이 질어질 수 있다. 사용할 만큼 덜어 낸 유자청에 미지근한 물을 넣어 섞고 체에 걸러 면포 등으로 수분을 없앤다.

7 반죽을 동그랗고 매끄럽게 만들어 볼에 넣어 젖은 면포나 랩으로 싸서 윗면이 마르지 않도록 하여 따뜻한 곳(30℃)에서 45~50분 정도 1차 발효시킨다.

8 집게손가락에 밀가루를 듬뿍 묻혀 1차 발효가 끝난 반죽의 중심을 깊이 찔러 구멍이 넓어지지도 좁아지지도 않는 상태가 되었는지 발효점을 확인한다.

9 반죽을 12등분(약 46g씩)한다.

10 가스를 빼며 표면이 매끄럽도록 둥글리기한다.

11 플라스틱 용기 등으로 덮어 실온에서 10분 정도 중간 발효시킨다.

12 작은 비중컵에 주름지를 끼운다.

Jip 비중컵 대신 머핀틀을 사용해도 된다.

13 중간 발효 중 생긴 가스를 빼면서 봉긋하고 매끄럽게 둥글려 성형한다.

14 반죽을 컵 중심에 맞춰 담고 팬에 올리고 플라스틱 용기 등으로 덮어 윗면이 마르지 않도록 하여 따뜻한 곳(30℃)에서 40~45분 정도 2차 발효시킨다.

2차 발효 전.

2차 발효 후.

15 2차 발효가 끝나면 표면이 망가지지 않게 주의하며 얇게 달걀물을 칠한다.

Jip 달걀물은 달걀과 우유를 동량으로 섞는다.

16 가위 끝에 달걀물을 묻혀 십자(+)모양으로 가위집을 낸다.

17 가위집을 낸 중심에 버터를 조금 올린다.

18 170℃로 예열한 오븐에서 12~13분 정도 굽는다.

19 틀에서 바로 빼내어 식힘망에 올려 식힌다.

구겔호프

구겔호프틀이 없으면 모든 재료의 양을 1.8배로 넣어 기본 식빵틀에 구워도 돼요.
건과일을 절일 때 그랑마니에 대신 오렌지 주스를 넣어도 좋고요.
구워서 118쪽에 소개한 글라사주를 발라 먹으면 더 맛있어요.

Yield
16(상단 지름)×9(높이)cm
구겔호프틀 1개

Ingredients

우리밀 강력분 170g
유기농 황설탕 37g
소금 3g
인스턴트 드라이이스트 4g
레몬 제스트 1개분
우유 76g
달걀노른자 34g
버터 52g
건과일절임 139g

Inactive Prep
● 건과일절임은 건포도 100g, 오
렌지필 30g, 그랑마니에 9g을 섞어
준비한다.
● 틀에 녹인 버터를 발라 둔다.

Directions
반죽 ▶
1차 발효(45~50분) ▶
중간 발효(15분) ▶
2차 발효(틀 아래 2cm) ▶
굽기

Oven
170℃로 예열한 오븐 20~25분

1 볼에 가루 재료인 우리밀 강력분, 유기농 황설탕, 소금, 인스턴트 드라이이스트에 레몬 제스트를 넣어 잘 섞는다.
Tip 인스턴트 드라이이스트는 유기농 황설탕과 소금에 닿지 않게 주의한다.

2 가루 재료가 고루 섞이면 액체 재료인 우유와 달걀노른자를 넣고 마른 가루 없이 반죽을 한 덩어리로 뭉친다.

3 반죽이 한 덩어리로 뭉쳐지면 작업대로 옮겨 부드러운 버터를 2번에 나눠 넣는다.
Tip 버터의 양이 많으므로 한꺼번에 넣는 것보다 2번 정도 나눠 넣는 것이 믹싱 시간을 줄일 수 있다.

4 버터가 어느 정도 섞이면 밀고, 접고, 치대고, 내리치고를 반복하여 반죽 표면에 작은 기포가 생기고 매끄러워질 때까지 15~20분 정도 반죽한다.

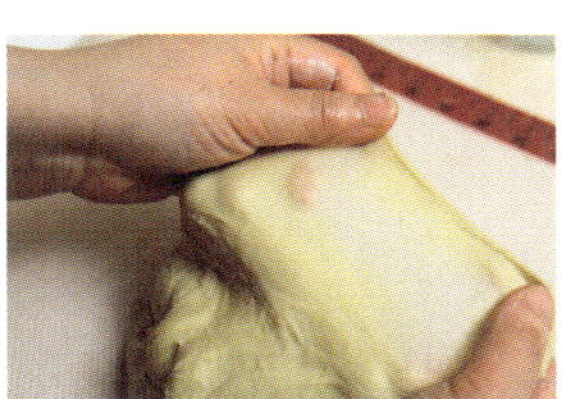

5 양손으로 반죽을 잡아당겨 얇게 늘려 손바닥이 비칠 정도로 글루텐이 만들어졌는지 확인한다.

6 반죽에 건과일절임을 넣고 섞는다.

7 반죽을 동그랗고 매끄럽게 만들어 볼에 넣어 젖은 면포나 랩으로 싸서 윗면이 마르지 않도록 하여 따뜻한 곳(30℃)에서 45~50분 정도 1차 발효시킨다.

8 집게손가락에 밀가루를 듬뿍 묻혀 1차 발효가 끝난 반죽의 중심을 깊이 찔러 생긴 구멍이 넓어지지도 좁아지지도 않는 상태가 되었는지 발효점을 확인한다.

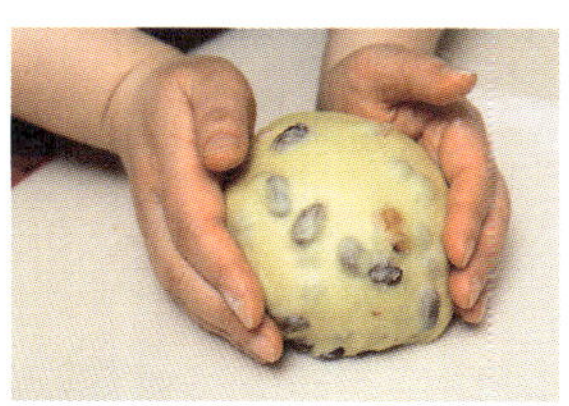

9 가스를 빼 듯 둥글리며 표면이 매끄러워지도록 둥글리기한다.

10 볼 등으로 덮어 마르지 않도록 하여 실온에서 15분 정도 중간 발효시킨다.

중간 발효 전.

중간 발효 후.

11 중간 발효 중 다시 생긴 가스를 빼며 둥글리기한다.

12 밀대를 이용해 반죽의 중심에 구멍을 낸다.

13 버터를 발라 둔 구겔호프틀의 주름에 맞춰 통아몬드를 넣는다.

14 통아몬드가 흐트러지지 않게 주의하면서 중심을 끼워 맞춰 반죽을 넣는다.

15 표면이 마르지 않게 해 따뜻한 곳(30℃)에서 틀 아래 2cm 높이 정도로 올라올 때까지 발효시킨다.

16 170℃로 예열한 오븐에서 20~25분 정도 굽는다.

오븐에 굽는
소시지 도넛

어릴 적 학교 앞 문구점에서 팔던 소시지 핫도그를 기억하세요? 갓 튀긴 따끈한 핫도그를 황설탕통에
데구르르 굴려 토마토케첩을 한 줄 쭉 짜서 먹으면 행복하기만 했던 어린 시절이 그리워져요.
지금 생각해 보면 쇼트닝에 튀긴 불량식품일 뿐인데 말이죠.
아토피와 알러지를 가진 우리 아이들에게 이런 추억을 만들어 줄 수는 없겠지만
엄마가 건강한 방법으로 만들어 준 맛있는 소시지 도넛을 추억하며 살아가겠지요.

Yield

6개

Ingredients

우리밀 강력분 170g
우리밀 중력분 30g
유기농 황설탕 20g
소금 4g
인스턴트 드라이이스트 4g
물 22g
우유 66g
유정란 20g
생크림 30g
버터 20g
프랭크 소시지 6개

Directions

반죽 ▶
1차 발효(45~50분) ▶
중간 발효(10분) ▶
2차 발효(40~45분) ▶
굽기

Oven

170℃로 예열한 오븐 12~14분

1 볼에 가루 재료인 우리밀 강력분. 우리밀 중력분. 유기농 황설탕. 소금. 인스턴트 드라이이스트를 넣어 잘 섞는다.
Tip 인스턴트 드라이이스트는 유기농 황설탕과 소금에 닿지 않게 주의한다.

2 가루 재료가 고루 섞이면 액체 재료인 물, 우유, 유정란. 생크림을 넣어 마른 가루 없이 한 덩어리로 뭉친다.

3 반죽이 한 덩어리로 뭉쳐지면 작업대로 옮겨 부드러운 버터를 넣고 섞으며 반죽한다.

4 버터가 어느 정도 섞이면 밀고, 접고, 치대고, 내리치고를 반복해 반죽의 표면에 작은 기포가 생기고 매끄러워질 때까지 15~20분 정도 반죽한다.

5 반죽을 동그랗고 매끄럽게 만들어 볼에 넣어 젖은 면포나 랩으로 싸서 윗면이 마르지 않도록 하여 따뜻한 곳(30℃)에서 45~50분 정도 1차 발효시킨다.

6 집게손가락에 밀가루를 듬뿍 묻혀 1차 발효가 끝난 반죽의 중심을 깊이 찔러 생긴 구멍이 넓어지지도 좁아지지도 않는 상태가 되었는지 발효점을 확인한다.

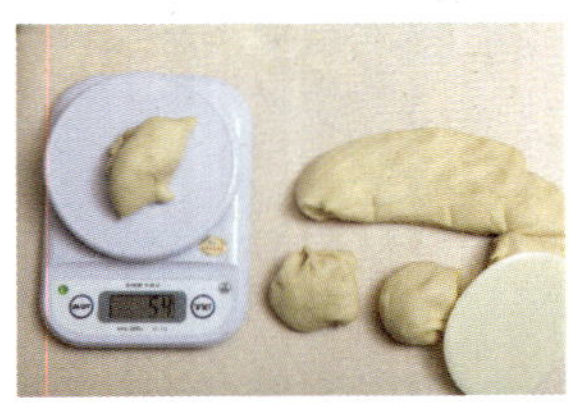

7 반죽을 6등분(약 54g씩)한다.

8 왼손 바닥에 반죽을 얹고 가스를 빼며 표면이 매끄럽도록 둥글리기한다.

9 플라스틱 용기 등으로 덮어 실온에서 10분 정도 중간 발효시킨다.

중간 발효 후.

10 중간 발효가 끝난 반죽은 손바닥으로 납작하게 눌러 가스를 뺀다.

11 3절접기한다.

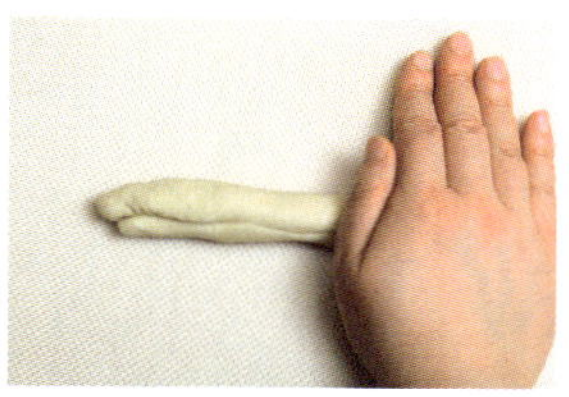

12 다시 3절접기하여 막대 모양으로 성형한다.

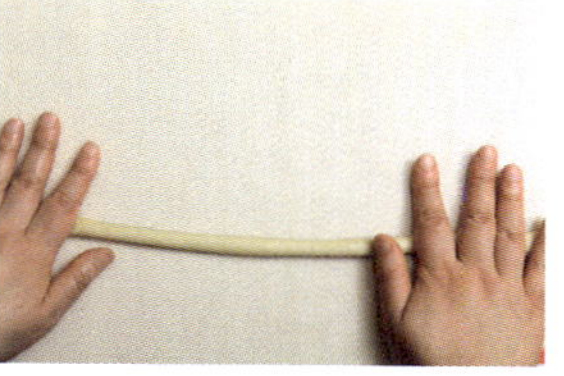

13 일정한 두께가 되도록 주의하며 30cm 길이로 반죽을 늘인다.

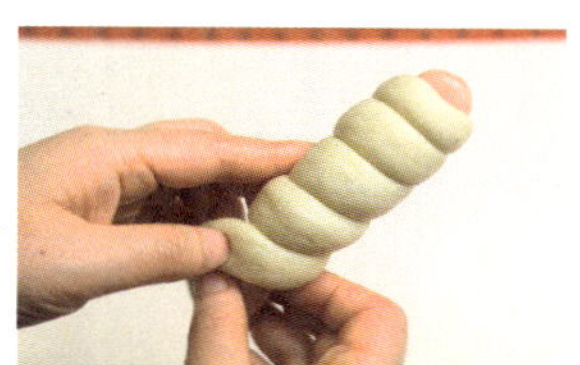

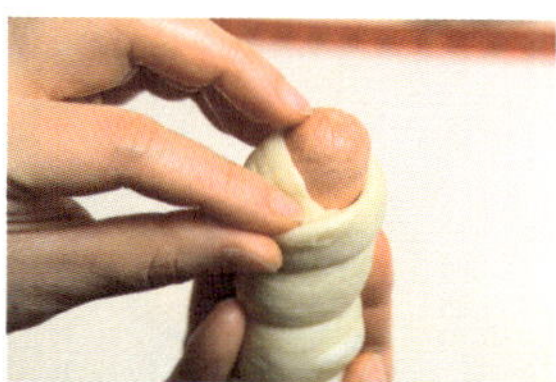

14 반죽으로 프랭크 소시지의 한 쪽 끝부터 말아 나간다.

15 끝을 말아 넣어 풀리지 않게 마무리한다.

[빵가루 만들기]

먹다 남은 빵을 커터에 간다.
Tip 너무 곱게 갈지 않도록 주의한다.

16 반죽에 물을 살짝 묻힌 후 빵가루를 묻힌다.
Tip 물을 묻히고 빵가루를 묻혀야 반죽에 빵가루가 잘 붙는다.

17 오일을 얇게 바른 팬에 올려 플라스틱 용기 등으로 덮어 윗면이 마르지 않도록 하여 따뜻한 곳(30℃)에서 40~45분 정도 2차 발효시킨다.

2차 발효 후.

18 170℃로 예열한 오븐에서 12~14분 정도 굽는다.

홈메이드
호떡

16년 전에 제빵기를 사서 처음 만든 게 호떡이었어요. 많이 먹어도 두 개 이상 먹기 어려우니 사서 먹어도 괜찮지만
담백하고 깔끔한 호떡을 파는 곳이 없어서 만들곤 해요. 한번 맛보고 나면 계속 만들게 될 거예요.
쫄깃쫄깃한 호떡을 먹으려면 우리밀 중력분을 30g 빼고 마른 찹쌀가루 30g을 넣으세요.

Yield
8개

Ingredients
우리밀 중력분 270g
유기농 황설탕 18g
소금 4g
인스턴트 드라이이스트 4g
물 70g
우유 50g
생크림 60g
포도씨오일 2큰술

Ingredients 소
마스코바도(또는 흑설탕) 120g
다진 견과류 120g
시나몬파우더 적당량

Directions
반죽 ▶
1차 발효(40~45분) ▶
중간 발효(10분) ▶
2차 발효(30분) ▶
굽기

1 볼에 우리밀 중력분, 유기농 황설탕, 소금, 인스턴트 드라이이스트를 넣어 잘 섞는다. *Tip* 인스턴트 드라이이스트는 유기농 황설탕과 소금에 닿지 않게 주의한다.

2 가루 재료가 고루 섞이면 액체 재료인 물, 우유, 생크림, 포도씨오일을 넣어 마른 가루 없이 반죽을 한 덩어리로 뭉친다.

3 반죽을 동그랗고 매끄럽게 만들어 볼에 넣어 젖은 면포나 랩으로 싸서 윗면이 마르지 않도록 하여 따뜻한 곳(30℃)에서 40~45분 정도 1차 발효시킨다.

4 집게손가락에 밀가루를 듬뿍 묻혀 1차 발효가 끝난 반죽의 중심을 깊이 찔러 생긴 구멍이 넓어지지도 좁아지지도 않는 상태가 되었는지 발효점을 확인한다.

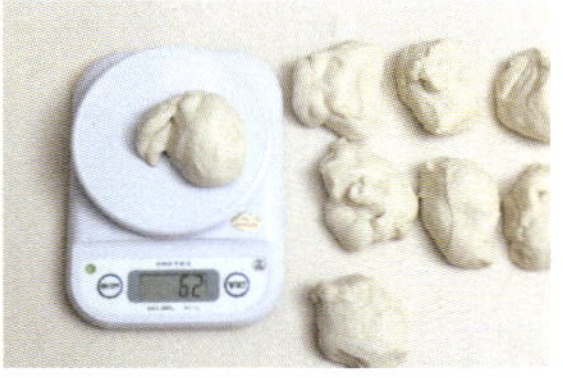

5 반죽을 8등분(약 62g씩)한다.

6 가스를 빼며 표면이 매끄러워지도록 둥글리기한다.

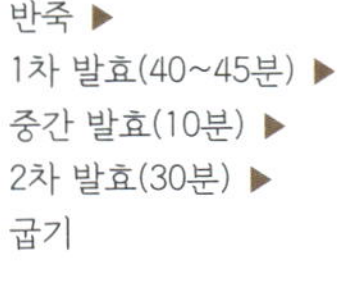

7 플라스틱 용기 등으로 덮어 실온에서 10분 정도 중간 발효시킨다.

▶ 중간 발효 후.

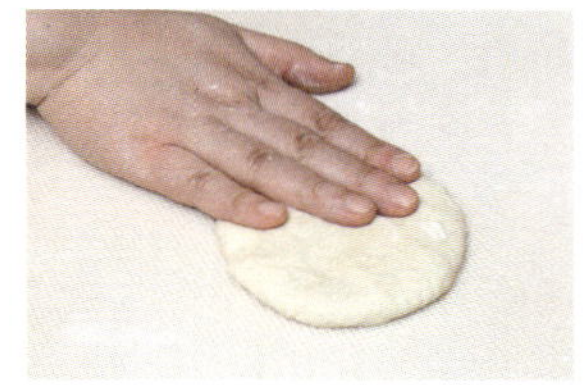

8 중간 발효가 끝난 반죽은 손바닥으로 납작하게 눌러 가스를 뺀다.

9 소 재료를 섞어 반죽에 30g씩 올리고 반죽을 늘려 잘 감싼다. *Tip* 흑설탕 대신 사용한 마스코바도는 비정제 설탕으로 본연의 달콤한 향이 인공적인 캐러멜 향료보다 더 감칠맛을 낸다.

10 반죽의 밑 부분을 잘 오무려 마무리한다.

11 오일을 충분히 바른 오븐팬에 소를 넣어 성형한 반죽을 얹고 플라스틱 용기 등으로 덮어 윗면이 마르지 않도록 하여 따뜻한 곳(30℃)에서 30분 정도 2차 발효시킨다. *Tip* 오일을 바른 팬에 얹어 발효시켜야 잘 떨어져요.

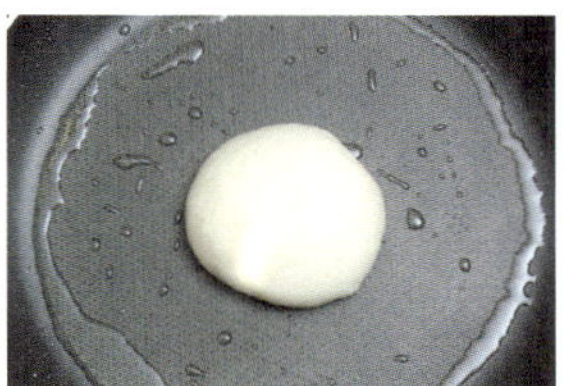

12 달군 프라이팬에 오일을 두르고 반죽을 굽기 시작한다. *Tip* 팬에 올린 면이 노릇노릇하게 색이 나면 뒤집고 뒤집은 노릇한 면을 조심스럽게 눌러야 터지지 않고 예쁜 호떡을 만들 수 있다.

13 뒤집어 가며 노릇하게 굽는다. *Tip* 소 재료인 마스코바도는 흑설탕에 비해 녹는점이 높으니 반죽을 센 불에 올려 색을 너무 빨리 내면 속설탕이 녹지 않을 수 있으니 불을 약하게 조절하고 가끔 뚜껑도 덮어가면서 속설탕을 녹여 굽는다.

Tip
• 버터는 미리 실온에 꺼내 손가락으로 누르면 부드럽게 눌리는 정도로 준비한다.
• 유기농 황설탕은 입자가 크고 불규칙해 그대로 넣으면 설탕 입자가 그대로 남기 때문에 믹서에 곱게 갈아 넣는다.
• 쿠키의 완성 개수나 크기는 휘핑 상태나 반죽의 온도, 오븐의 온도에 따라 차이가 있을 수 있다.

우리밀
건강 과자

바나나
시폰케이크

으깬 바나나 퓌레를 넣고 시폰케이크를 만들면 얼마나 촉촉하고 부드러운지 몰라요.
은은히 느껴지는 바나나의 달콤한 향이 시나몬 향과 너무나 잘 어울린답니다.
시폰케이크에 생크림 아이싱을 해도 좋지만 예쁜 접시에 시폰케이크를 한 조각 올리고
생크림 한 스푼을 곁들이면 집에서도 이 세상 최고의 케이크를 맛볼 수 있어요.

Yield
18(지름)×10(높이)cm
시폰틀 1개

Ingredients
달걀노른자 61g
꿀 15g
포도씨오일 55g
우유 113g
우리밀 중력분 83g
옥수수전분 13g
베이킹파우더 3g
시나몬파우더 1g
달걀흰자 150g
유기농 황설탕 80g
으깬 바나나 100g

Oven
170℃로 예열한 오븐 10분 ▶
150℃ 20분

1 볼에 달걀노른자를 넣는다.

2 ①에 살짝 데운 꿀을 넣는다.

3 ②에 포도씨오일을 조금씩 넣고 잘 섞는다.

4 ③에 체온 정도로 데운 우유를 넣는다.

5 ④에 2번 이상 체에 친 우리밀 중력분, 옥수수전분, 베이킹파우더, 시나몬파우더를 넣는다.

6 손거품기를 세워 볼 중심에서 바깥쪽으로 동심원을 그리듯 섞는다.
Tip 이렇게 섞으면 마구 섞는 것보다 덩어리 없이 쉽게 잘 섞을 수 있다.

7 깨끗한 볼에 달걀흰자를 넣고 핸드믹서를 준비한다.

8 핸드믹서를 중속으로 작동시켜 거친 흰 거품이 생기기 시작할 정도로만 휘핑한다.

9 흰 거품이 일어 흰자의 투명한 액체가 보이지 않으면 유기농 황설탕을 40% 정도만 넣고 중속을 유지하며 섞는다.

10 처음보다 기포가 조금 작아지고 표면도 매끈해지면 나머지 설탕의 절반 정도를 넣고 중속을 유지하며 휘핑한다.

11 설탕이 녹으면서 표면이 매끄러워져 반짝거리고 기포도 조금 전보다 많이 작아졌으면 나머지 설탕을 모두 넣고 중·저속에서 휘핑한다.

12 설탕을 모두 넣은 후에는 속도를 높이지 말고 저속을 유지하면서 설탕을 녹인다.
Tip 유기농 황설탕은 입자가 커서 잘 녹지 않으므로 중·고속으로만 휘핑하면 설탕이 녹지 않아 힘이 없는 거품(불완전한 머랭)이 되기 쉬우므로 저속 또는 중속으로 속도를 조절하며 안정적인 머랭을 만든다.

13 머랭의 끝이 부드러우면서 뾰족한 새부리 모양이 되면 휘핑을 멈춘다.

Jip 휘핑이 오버되면 버글버글해지므로 주의한다.

14 ⑥에 머랭을 1/3만 넣고 매끈하게 섞는다.

15 ⑭에 으깬 바나나를 넣고 잘 섞는다.

16 ⑮에 남은 머랭을 전부 넣고 빠르고 조심스럽게 섞는다.

Jip 이때 너무 과하게 섞지 않는다.

17 시폰틀에 물 스프레이를 뿌린다.

Jip 물 스프레이를 해야 겉껍질이 얇아져 틀에서 잘 빠진다.

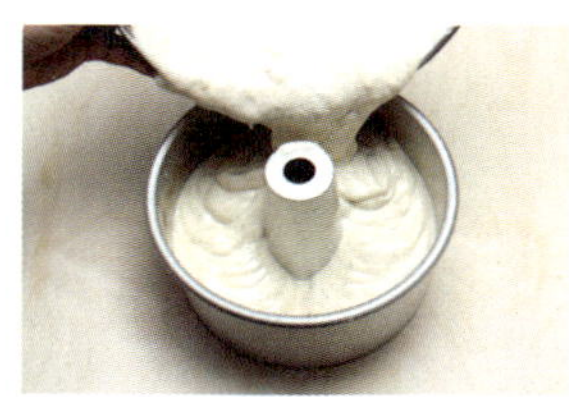

18 시폰틀에 반죽을 조심스럽게 흘려 넣는다.

19 젓가락 같은 도구를 이용해 젓는다.

Jip 이렇게 해야 반죽을 골고루 펼칠 수 있고 반죽 사이의 큰 기포를 없앨 수 있다.

20 틀을 잘 고정해 충격을 주어 큰 기포를 뺀다.

Jip 양손으로 틀을 잡아 바닥에 탁탁 내리친다.

21 170℃로 예열한 오븐에서 10분 정도 굽다가 150℃로 온도를 내려 20분 정도 더 굽는다.

Jip 오븐에서 꺼내기 전에 속까지 잘 구워졌는지 꼬치로 중심을 찔러 보아 확인한다.

22 식힘망에 올려 물 스프레이를 한다.

Jip 오븐에서 꺼낸 직후 물 스프레이를 하면 틀에서 잘 빠진다.

23 완전히 식으면 스패튤러를 이용해 틀에서 빼낸다.

슈크림

슈는 실패율이 높아 집에서 만들기 어렵다고들 하는데요.
실패한 슈는 먹을 수도 없고 버릴 수도 없을 정도로 맛이 없어 정말 난감해요.
슈의 성공의 열쇠는 반죽의 호화 정도와 굽기에 달려 있어요.
지나치게 호화되어도, 오븐에서 다 구워지기 전에 문을 열어도 슈가 납작해지니 정말 까다로워요.

Yield
20개 정도

Ingredients 슈 반죽
버터 55g
물 110g
소금 1g
우리밀 강력분 60g
유정란 105g

Ingredients
파티시에르 크림

우유 116g
생크림 30g
바닐라빈 1/2개
유기농 황설탕 43g
달걀노른자 30g
옥수수전분 6g
우리밀 중력분 6g
버터 13g

Ingredients 크림
생크림 140g
키르시 약간

Oven
180℃로 예열한 오븐 10분 ▶
170℃ 20분

1 슈를 만든다. 냄비에 버터와 물, 소금을 넣어 중간 불에서 끓이다가 버터가 완전히 녹으면 불을 키워 부르르 끓어오르면 불을 끈다.

2 ①에 미리 체에 쳐 준비한 우리밀 강력분을 넣고 나무주걱으로 바닥을 1분 정도 볶듯이 젓는다.

3 냄비를 다시 불에 올려 볶는다.

4 바닥에 얇은 막이 생기기 시작하면 1분 정도 더 볶는다.

5 ④를 다른 볼에 옮겨 중탕으로 체온 정도로 데운 유정란을 조금씩 나눠 넣고 섞는다.

6 유정란을 섞어 가면서 고무주걱으로 반죽을 떠서 반죽 끝에 V자가 만들어지는 농도가 되는지 확인하며 달걀을 더 넣을지 말아야 할지를 결정한다.

Tip 반죽의 농도는 손가락으로 확인해 볼 수도 있다. 반죽을 손끝에 묻혔을 때 손가락 한 마디 정도로 끊기지 않고 늘어날 정도까지 유정란을 넣는다. 즉, 유정란이 부족하면 반죽이 끊어진다. 분량의 유정란을 다 넣었는데도 간혹 되직한 상태가 되기도 하는데 이때는 미온수를 조금씩 넣어 가며 농도를 조절한다.

7 짤주머니에 1cm 크기의 깍지를 끼우고 슈 반죽을 넣어 팬에 짠다.

8 짜놓은 슈 반죽에 물 스프레이를 한다.

9 180℃로 예열한 오븐에서 10분 정도 굽다가 170℃로 온도를 낮춰 20분 정도 더 굽는다.
Tip 굽는 도중에 절대 오븐문을 열지 않아야 한다. 구운 후에도 오븐 내 잔열로 뜸을 들이듯 구우면 실패를 줄일 수 있다.

10 파티시에르 크림을 만든다. 냄비에 우유와 생크림을 넣고 유기농 황설탕을 1/3 정도만 넣는다.

11 바닐라빈을 반 갈라 칼끝으로 바닐라빈 씨를 긁어내어 ⑩에 넣고 중간 불로 끓인다.

12 다른 볼에 달걀노른자를 넣고 남은 유기농 황설탕을 넣어 재빨리 섞는다.

13 ⑫에 옥수수전분과 우리밀 중력분을 넣고 잘 섞는다.

14 ⑬에 ⑪을 조금씩 흘려 넣고 잘 섞는다.

15 ⑭를 다시 불에 올려 전체적으로 거품이 생길 때까지 끓인다.

16 불에서 내려 버터를 넣는다.

17 ⑯을 체에 걸러 알끈 등을 거른다.

18 얼음물에 받쳐 고무주걱으로 저어 가며 재빨리 식힌다.

19 차가운 볼에 생크림을 넣고 얼음물을 받쳐 부드럽게 휘핑한다.

20 굳어진 ⑱의 크림을 저어 푼다.

21 파티시에르 크림에 휘핑한 크림을 넣고 섞는다.

22 덩어리 없이 잘 섞는다.

23 키르시를 조금 넣고 섞는다.

Tip 키르시는 향기가 높은 체리 브랜드를 말한다.

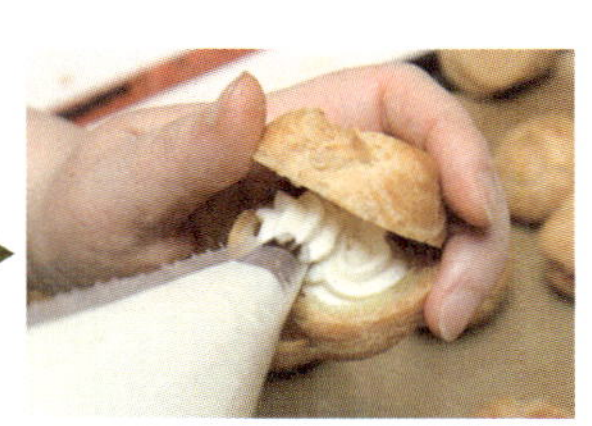

24 슈의 가운데를 칼로 자르거나 바닥에 구멍을 내서 크림을 채워 넣는다.

캐러멜
슈크림

캐러멜은 정말 신기해요. 슈크림에 캐러멜을 조금 넣었을 뿐인데 격이 다른 슈크림을 맛볼 수 있거든요.
캐러멜색을 너무 진하게 내면 맛이 강해 쓴맛이 느껴질 수도 있으니 캐러멜은 중간보다 약한 불로 인내심을 가지고
만들어야 해요. 열전도가 좋은 동냄비로 캐러멜을 만들면 좋지만 동냄비 가격이 많이 부담스러워요.
동냄비가 없다면 스테인리스 편수 냄비로 만들어도 좋아요. 단 바닥이 두꺼운 냄비에 만드세요.

Yield
20개 정도

Ingredients 슈 반죽
물 110g
버터 55g
소금 1g
우리밀 강력분 60g
유정란 105g
아몬드 슬라이스 적당량

Ingredients
파티시에르 크림
우유 105g
생크림 27g
달걀노른자 27g
유기농 황설탕 33g
옥수수가루 6g
우리밀 중력분 5g
버터 12g
바닐라빈 1/2개

Ingredients 크림
생크림 128g

키르시 약간
캐러멜 크림 45g

Oven
190℃로 예열한 오븐 10분 ▶
170℃ 20분

Special Tip
캐러멜 크림 만들기
재료 물 13g, 유기농 황설탕 50g,
생크림 50g, 소금 약간

Ⓐ 높이가 있는 냄비에 물을 먼저
넣고 유기농 황설탕을 넣은 다음
중간보다 약한 불에 끓인다.

Ⓑ 다른 냄비에 생크림을 넣어 끓
인다.

Ⓒ A를 절대 젓지 말고 타지 않
게 불을 조절하면서 끓여 어릴 적
먹었던 뽑기 향의 달달한 캐러멜
향이 나면 불을 끈다.

Ⓓ 부르르 끓어오른 생크림을 C
에 넣는다.
Tip 끓어오르면서 뜨거운 증기가
발생하므로 각별히 주의한다.

Ⓔ 밑이 두꺼운 냄비를 사용한
경우엔 냄비를 미온수에 담가 온도
를 낮추거나 다른 그릇에 옮긴다.

1 짤주머니에 지름 1cm 크기의
깍지를 끼우고 슈 반죽을
넣어 팬에 짠다.
Tip 반죽 만드는 법은 158쪽을
참조한다.

2 아몬드 슬라이스를 올린다.

3 충분히 물 스프레이를 한다.

4 190℃에서 예열한 오븐에서
10분 정도 굽다가 170℃로
온도를 낮춰 20분 정도 더 굽는다.
Tip 굽는 도중에 절대 오븐문을 열지
않는다.

5 생크림을 얼음볼에 올려
휘핑기로 휘핑한다.

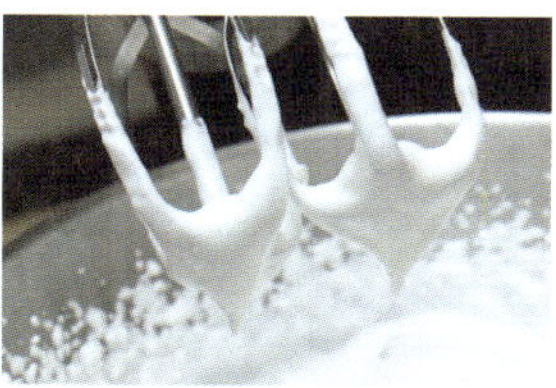

6 부드럽게 휘핑한다.

7 단단하게 굳은 파티시에르
크림을 저어 푼다.

8 파티시에르 크림에 휘핑한
크림을 2〜3번에 나눠 넣고
섞는다.

9 덩어리 없이 잘 섞이면
키르시를 섞는다.

10 캐러멜 크림을 넣고
섞는다.

11 크림을 완성한다.

12 바닥에 구멍을 내서
크림을 채워 넣는다.

오트밀
쿠키

베이킹 초보 시절에 오트밀 쿠키를 굽다 말고 냉장고에 반죽을 넣어 놓고 동네 마실 나갔다 돌아와 보니
도저히 구울 수 없는 상태가 되어 반죽을 모두 음식물 쓰레기통에 넣어야만 했던 가슴 아픈 일이 생각나네요.
대부분의 쿠키 반죽은 냉장이나 냉동 보관이 가능하지만 오트밀 쿠키는 반죽을 하자마자 바로 구워야 해요.
흡습력이 강한 건조 오트밀은 반죽 속에 버터와 유정란의 수분을 흡수하여 반죽이 뭉쳐지지도 않고
버슬버슬해 구워도 눅눅해져 먹기 어렵거든요. 또 사용하고 남은 오트밀은 잘 밀봉하여 냉장이나
냉동 보관해야 신선한 맛을 유지할 수 있어요.
이때 포장 김봉지에 들어 있는 실리카겔을 한두 개 넣어 보관하면 좋아요.

Yield
지름 6~7cm 16개 정도

Ingredients
버터 75g
유기농 황설탕 65g
소금 0.5g
유정란 23g
쌀조청 13g
우리밀 중력분 80g
베이킹소다 1/4작은술
시나몬파우더 1/4작은술
너트메그 약간
오트밀 46g
다진 아몬드 45g
전처리한 건조 크랜베리 49g

Oven
160~170℃로 예열한 오븐 20분

1 실온에 미리 꺼내 놓아 부드러워진 버터를 볼에 넣어 풀고 유기농 황설탕과 소금을 넣어 잘 섞는다.

Tip 버터는 미리 실온에 꺼내 손가락으로 누르면 부드럽게 눌리는 정도로 준비한다. 반죽은 고무주걱 만으로 섞어도 된다.

2 유정란을 3~4번에 나눠 넣는다.

Tip 유정란은 미리 실온에 꺼내 둔다.

3 이어서 쌀조청을 넣고 고루 섞는다.

4 우리밀 중력분. 베이킹소다. 시나몬파우더. 너트메그를 함께 체 쳐 ③에 넣는다.

5 고무주걱의 날을 세워 칼로 자르듯 섞는다.

6 오트밀. 다진 아몬드. 전처리한 건조 크랜베리를 넣고 과하게 섞이지 않도록 주의하며 섞는다.

Tip 귀리를 납작하게 눌러 만든 오트밀은 습기를 잘 흡수하여 눅눅해지고 잡냄새가 나기 쉽다. 그럴 때에는 오븐팬에 얇게 펼쳐 150℃로 예열한 오븐에서 5~8분 정도 살짝 구워 사용한다. 크랜베리 대신 초콜릿을 넣어도 좋다.

7 반죽을 완성한다.

8 반죽이 완성되면 휴지 없이 바로 스쿱으로 떠서 오븐팬에 팬닝한다.

Tip 쿠키 반죽의 양이 비슷해야 골고루 구워지는데 스쿱을 이용하면 반죽 양을 일정하게 덜 수 있어 편리하다. 스쿱이 없다면 숟가락으로 일정한 양을 덜어 팬닝해도 된다.

9 손끝으로 눌러 납작하게 만든다.

10 160~170℃로 예열한 오븐에서 20분 정도 굽는다.

초코칩
쿠키

베이킹에 조금이라도 관심이 있다면 누구나 한 번쯤 구워 봤을 초코칩 쿠키.
만드는 방법이나 굽는 정도, 설탕의 양에 따라 맛과 식감의 차이가 굉장히 커서
조금씩 변화를 주면서 굽는 재미가 쏠쏠해요.
저는 오트밀을 조금 넣어 건강한 초코칩 쿠키로 만들어 보았는데요,
오트밀 대신 분쇄기에 곱게 간 호두가루나 아몬드가루를 넣으면 더 고소해요.

Yield
지름 6~7cm 16개 정도

Ingredients
버터 75g
유기농 황설탕 51g
소금 0.5g
유정란 33g
우리밀 중력분 82g
베이킹소다 1/4작은술
베이킹파우더 1/4작은술
오트밀 간 것 14g
굵게 다진 아몬드 42g
굵게 다진 호두 26g
다크 초콜릿칩 73g

Oven
160~170℃로 예열한 오븐 20분

1 실온에 두어 부드러워진 버터를 볼에 넣어 부드럽게 풀고 유기농 황설탕과 소금을 넣고 잘 섞는다.

Tip 버터는 미리 실온에 꺼내 손가락으로 누르면 부드럽게 눌리는 정도로 준비한다. 반죽은 고무주걱 만으로 섞어도 된다.

2 미리 실온에 둔 유정란을 3~4번에 나눠 넣는다.

Tip 유정란을 거품기나 핸드믹서로 과하게 휘핑하면 반죽이 질어져 구우면 모양이 퍼지기 쉬우니 주의한다.

3 우리밀 중력분. 베이킹소다. 베이킹파우더를 함께 체 쳐 ②에 넣는다.

4 고무주걱의 날을 세워 칼로 자르듯 섞는다.

5 오트밀을 간 것과 굵게 다진 아몬드. 굵게 다진 호두. 다크 초콜릿칩과 함께 반죽에 넣어 과하게 섞이지 않도록 주의하며 섞는다.

Tip 아몬드와 호두는 굵게 다진다.

6 반죽이 완성되면 휴지 없이 바로 반죽을 스쿱으로 떠서 오븐팬에 팬닝한다.

7 랩으로 감싼 계량컵의 바닥으로 반죽을 평평하게 누르거나 손끝으로 눌러 납작하게 만든다.

8 오븐에 구우면 퍼지는 간격을 고려해 팬닝한다.

9 160~170℃로 예열한 오븐에서 20분 정도 굽는다.

치즈
쿠키

아이들은 달콤한 맛의 쿠키도 좋아하지만 짭짤한 스낵류도 참 좋아하지요.

가끔 다른 맛의 쿠키가 생각 날 때 만들면 좋을 쿠키예요.

스낵류만큼 자극적인 맛은 아니어도 치즈 특유의 맛과 향이 훌륭한 풍미를 내요.

아빠의 와인 안주로도 적당하고 간단하게 카나페 등으로 응용해도 맛있답니다.

카나페로 만들려면 쿠키봉의 지름이 5cm 정도 되게 성형해 1cm 두께로 썰어 구우세요.

Yield
지름 2.5~3cm 34개 정도

Ingredients
버터 50g
유기농 황설탕 간 것 17g
소금 1g
유정란 36g
우리밀 중력분 90g
아몬드파우더 15g
· 파르메산 치즈가루 34g
파프리카파우더 약간
후춧가루 약간

Oven
160~170℃로 예열한 오븐
10~12분 ▶
140~150℃ 10분

Special Tip
아이 간식용으로 만든다면 후춧가루를 빼고 반죽해 성형한 후 적당한 크기로 잘라 자른 반죽 윗면에 설탕을 찍어 굽는다.

1 실온에 두어 부드러워진 버터를 볼에 넣어 부드럽게 풀고 유기농 황설탕 간 것과 소금을 넣고 잘 섞는다.
Tip 유기농 황설탕은 믹서에 곱게 갈아 넣는다.

2 미리 실온에 꺼내 둔 유정란을 3~4번에 나눠 넣는다.

3 ②에 우리밀 중력분과 아몬드파우더를 함께 체 쳐 넣는다.
Tip 파프리카파우더가 없다면 고운 고춧가루를 넣어도 된다. 고운 고춧가루는 꼭 넣지 않아도 된다.

4 80% 정도 섞이면 파르메산 치즈가루, 파프리카파우더, 후춧가루를 넣고 잘 섞는다.
Tip 파프리카파우더가 없다면 넣지 않아도 된다. 또는 고운 고춧가루를 대신 넣는다.

5 고무주걱의 날을 세워 칼로 자르듯 섞는다.
Tip 가루로 판매되는 파르메산 파우더는 고운체에 내려 단단한 덩어리는 빼고 만든다.

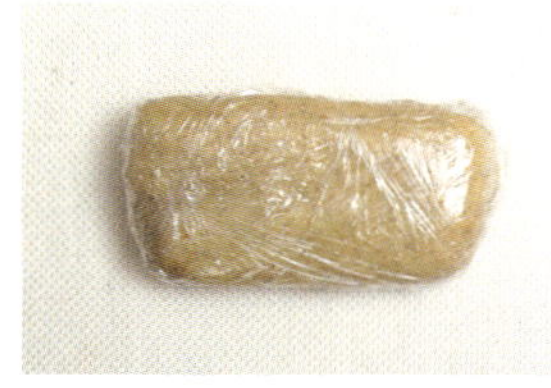

6 반죽이 마르지 않게 래핑해 30분 이상 냉장실에서 휴지시킨다.

7 냉장실에서 반죽을 꺼내 수분이 적어 잘 뭉쳐지지 않으므로 손으로 가볍게 뭉친다.
Tip 수분이 적어 잘 뭉쳐지지 않으므로 가볍게 뭉친다.

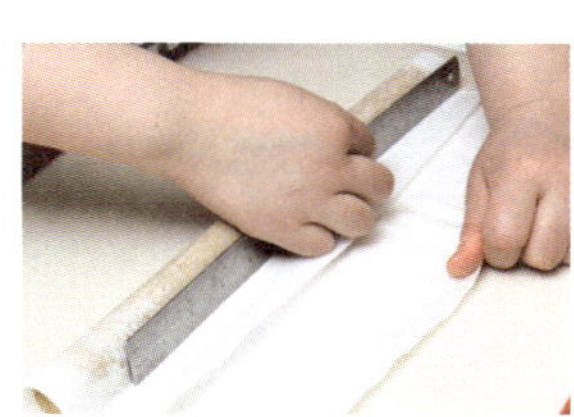

8 노루지에 반죽을 올리고 말아 자 등을 이용해 약 35cm 길이로 단단하게 성형한다.

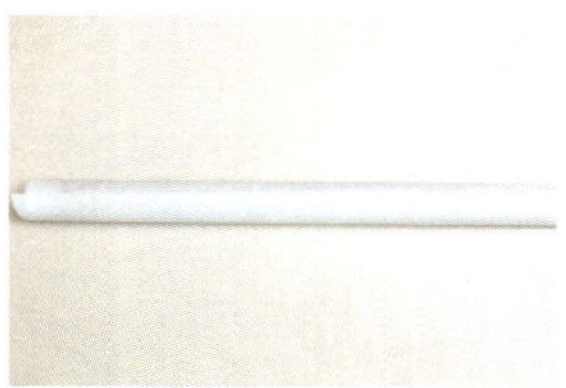

9 냉동실에 1~2시간 정도 넣어 칼로 썰어도 모양이 일그러지지 않을 정도로 단단하게 굳힌다.
Tip 냉동실에 넣어 두는 시간보다는 굳은 상태가 중요하다.

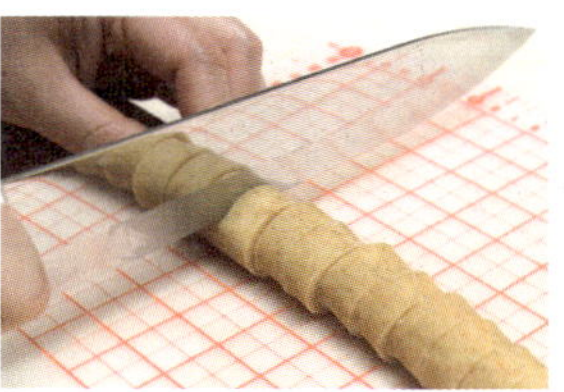

10 반죽을 1.3cm 두께로 일정하게 썬다.

11 오븐팬에 간격을 일정하게 띄워 팬닝한다.

12 160~170℃로 예열한 오븐에서 10~12분 정도 굽다가 140~150℃로 온도를 내려 10분 정도 더 굽는다.
Tip 색이 진하게 나지 않도록 주의한다.

초코 머드
쿠키

초코 머드 쿠키의 진정한 마니아는 등산을 좋아하는 친정엄마세요.
진한 다크 초콜릿과 견과류가 듬뿍 들어 있어 산을 오르다 지치면
이 쿠키 하나만 먹어도 기운이 난다고 하시네요.
겉은 단단한 듯해도 속은 촉촉하게 구워야 초코 머드 쿠키의 진짜 맛을 즐길 수 있어요.

Yield
지름 6~6.5cm 11개 정도

Ingredients
다크 초콜릿 150g
버터 30g
유기농 황설탕 75g
유정란 110g
우리밀 중력분 55g
베이킹소다 1/4작은술
다크 초콜릿칩 100g
굵게 다진 호두 80g

Oven
170℃로 예열한 오븐 12~13분

1 볼에 다크 초콜릿과 버터를 넣고 중탕 볼에 올려 덩어리 없이 녹인다.

2 ①에 유기농 황설탕을 넣고 잘 섞는다.

3 설탕이 잘 섞이면 실온에 꺼내 두었던 유정란을 3~4번에 나눠 넣고 분리되지 않도록 주의하며 섞는다.

Tip 유정란은 미리 실온에 꺼내 두어야 하는데, 겨울철에는 차갑지 않을 정도로 중탕해 사용해야 한다. 파운드케이크나 컵케이크를 만들 때는 정말 중요하므로 주의한다.

4 ③에 우리밀 중력분과 베이킹소다를 함께 체에 쳐 넣는다.

5 ④에 다크 초콜릿칩과 굵게 다진 호두를 넣고 잘 섞은 다음 반죽이 마르지 않도록 래핑해 1시간 정도 냉장실에 넣어 휴지시킨다.

6 반죽을 스쿱으로 떠서 오븐팬에 팬닝한다.

7 170℃로 예열한 오븐에서 12~13분 정도 굽는다.

연유
쿠키

설탕을 넣지 않았는데도 달콤한 맛이 나는 쿠키예요.
진한 우유 향에 자꾸 손이 가는 연유 쿠키는 모양틀로 찍기 좋은
반죽이라 아이들과 함께 만들면 좋아요. 단 찍어낸 모양은 달라도 비슷한 크기끼리
팬에 얹어 구워야 골고루 구울 수 있어요. 레시피에서 우리밀 중력분 10%를 줄이고
대신 무가당 코코아파우더를 넣으면 연유 초코 쿠키가 돼요.

Yield
6cm 길이 24개 정도

Ingredients
버터 80g
가당 연유 80g
소금 1g
우유 2작은술
우리밀 중력분 130g
베이킹파우더 1/4작은술

Oven
160~170℃로 예열한 오븐
12~15분

1 미리 실온에 두어 부드러워진 버터를 볼에 넣어 잘 푼다.

2 ①에 가당 연유와 소금을 넣고 소금이 녹을 때까지 잘 섞는다.

3 ②에 우유를 넣고 잘 섞는다.

4 ③에 우리밀 중력분과 베이킹파우더를 함께 체에 쳐 넣는다.

5 고무주걱의 날을 세워 반죽을 칼로 자르듯 섞는다.

6 반죽을 비닐에 넣고 밀대로 균일한 두께로 밀어 펴서 플라스틱 받침 등에 올려 냉동고에서 단단하게 굳힌다.

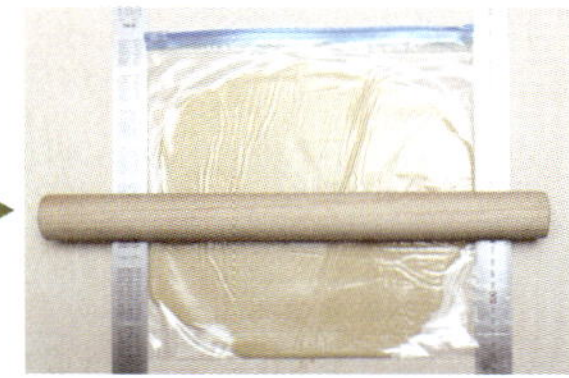

Tip 반죽의 양 옆에 0.4cm 높이의 지지대를 두고 밀면 균일한 높이로 쉽게 펼 수 있다.

7 반죽의 비닐을 벗겨내 비슷한 크기의 쿠키 커터로 모양을 찍는다.

8 오븐팬에 비슷한 크기의 쿠키 반죽을 올려 팬닝한다.

9 160~170℃로 예열한 오븐에서 12~15분 정도 이중 철판(오븐팬 두 개를 겹쳐)하여 굽는다.

Tip 다른 쿠키에 비해 얇고 납작해서 쉽게 타므로 오븐팬을 두 개 겹쳐 굽는다.

바닐라 쿠키

바닐라 씨앗이 콕콕 박힌 바닐라 쿠키를 구워 슈거파우더를 솔솔 뿌렸어요.
입안에서 달콤하게 바스락 부서지는 식감이 기분을 좋게 만드는 쿠키인데요.
우리밀 중력분을 7g 정도 줄이고 줄인 7g만큼 딸기가루나
녹차가루를 넣으면 색이 고운 컬러 쿠키를 구울 수 있어요.

Yield

20~25개

Ingredients

버터 92g
유기농 황설탕 간 것 36g
소금 0.5g
바닐라빈 1/2개
달걀노른자 10g
우리밀 중력분 92g
아몬드파우더 27g
슈거파우더 적당량

Inactive Prep

슈거파우더는 유기농 황설탕과 옥수수전분을 9대 1의 비율로 계량해 믹서에 간다.

Oven

160~170℃로 예열한 오븐
15~18분

1 미리 실온에 두어 부드러워진 버터를 볼에 넣어 잘 푼다.

2 ①에 유기농 황설탕 간 것과 소금을 넣고 잘 섞는다.
Tip 유기농 황설탕은 믹서에 곱게 갈아 넣는다.

3 바닐라빈은 길이로 반 갈라 칼끝으로 씨를 긁어낸다.

4 긁어낸 씨를 ②에 넣는다.
Tip 씨를 긁어내고 남은 빈 깍지는 설탕통에 넣어 둔다. 설탕에 바닐라 향이 배어 베이킹에 사용하면 밀가루나 달걀의 잡내를 없앤다.

5 ④에 달걀노른자를 2~3번에 나눠 넣고 섞는다.

6 ⑤에 우리밀 중력분과 아몬드파우더를 함께 체에 쳐 넣는다.

7 고무주걱의 날을 세워 반죽을 칼로 자르듯 섞는다.

8 이 반죽은 수분이 적어 잘 뭉쳐지지 않으므로 손으로 가볍게 뭉친다.

9 반죽이 마르지 않게 래핑해 1시간 이상 냉장실에서 휴지시킨다.

10 25등분(약 10g씩)한다.

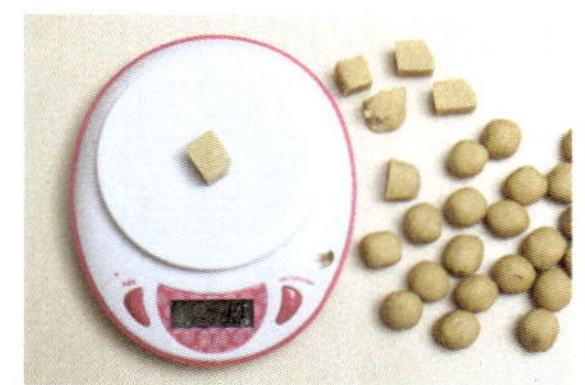

11 10g씩 계량해 둥글게 성형한다.

12 팬에 간격을 띄우고 올린다.

13 160~170℃로 예열한 오븐에서 윗면의 색이 진하게 나지 않도록 15~18분 정도 굽는다.
Tip 중심을 눌렀을 때 약간 단단한 느낌이 들 때까지 굽되 너무 오래 구우면 호두의 고소함과 크림치즈의 풍미를 잃을 수 있으니 주의한다.

14 슈거파우더를 체에 담아 쿠키에 고루 뿌린다.
Tip 슈거파우더는 유기농 황설탕과 옥수수가루를 9대1의 비율로 믹서에 갈아 준비한다.

크림치즈
호두 쿠키

호두의 고소함이 크림치즈와 어우러지며 색다른 맛을 즐길 수 있어요.

이 쿠키의 포인트는 호두를 끓는 물에 데쳐 쓴맛을 제거한 다음 오븐에서 가볍게 구워 사용해야 한다는 것!

호두의 쌉싸래함은 사라지고 크림치즈의 진한 맛이 입맛을 돋워요.

달콤하게 맛보려면 말린 망고나 말린 파인애플, 당절임한 레몬필 등을 넣어 반죽하세요.

Yield
지름 3~3.5cm 30~32개

Ingredients
크림치즈 50g
버터 50g
유기농 황설탕 간 것 56g
소금 1g
생크림 20g
우리밀 중력분 110g
베이킹파우더 1g
다진 호두 58g

달걀흰자 적당량
표면에 묻힐 설탕 적당량

Oven
160℃로 예열한 오븐 10분 ▶
140℃ 10~15분

1 실온에 미리 꺼내 두어 부드러워진 크림치즈와 버터를 잘 섞는다.
Tip 버터는 미리 실온에 꺼내 손가락으로 누르면 부드럽게 눌리는 정도로 준비한다. 반죽은 고무주걱만으로 섞어도 된다.

2 ①에 유기농 황설탕 간 것과 소금을 넣고 잘 섞는다.
Tip 유기농 황설탕은 입자가 크고 불규칙해 그대로 넣으면 설탕 입자가 그대로 남기 때문에 믹서에 곱게 갈아 넣는다.

3 ②에 생크림을 3~4번에 나눠 넣고 섞는다.

4 ③에 우리밀 중력분과 베이킹파우더를 함께 체에 쳐 넣고 칼로 자르듯 섞는다.

5 반죽이 80% 정도 섞이면 다진 호두를 넣는다.

6 반죽이 마르지 않게 래핑해 30분 이상 냉장실에서 휴지시킨다.

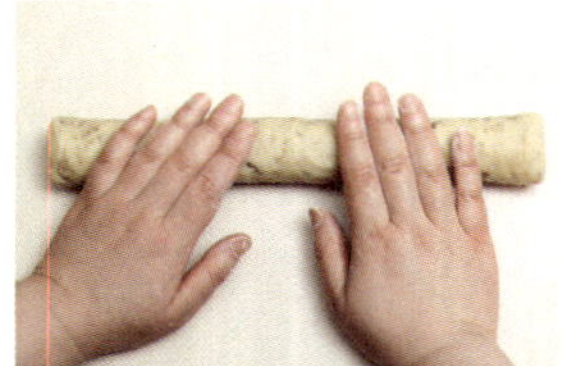

7 휴지가 끝난 반죽을 둥근 막대형으로 만든다.

8 45cm 길이로 늘인다.

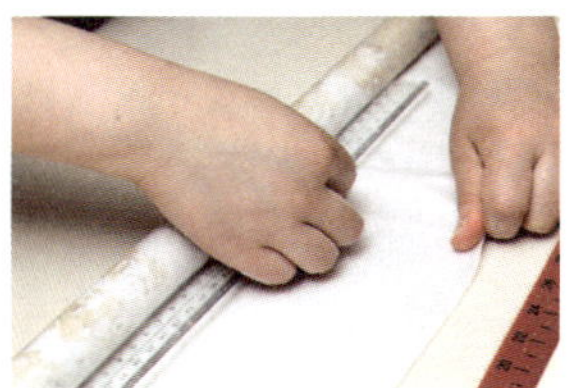

9 노루지에 반죽을 올려 감아 자 등을 이용해 단단하게 성형한다.

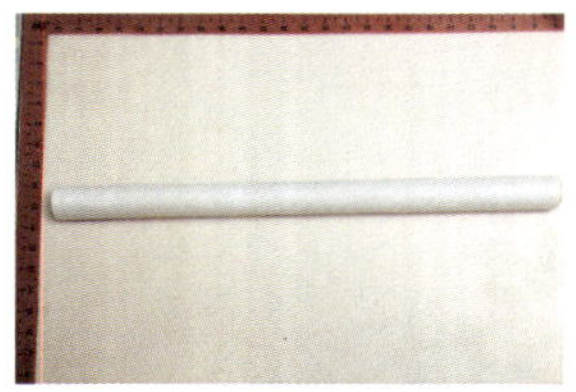

10 다시 냉동실에 넣어 칼로 썰어도 모양이 일그러지지 않을 정도로 단단하게 굳힌다.

11 단단하게 굳은 반죽의 표면에 살짝 거품을 낸 달걀흰자를 바른다.

12 표면에 설탕을 꼼꼼히 묻힌다.

13 1.4cm 두께로 자른다.

14 쿠키팬에 올려 160℃로 예열한 오븐에서 10분 정도 굽다가 140℃로 온도를 낮춰 10~15분 정도 더 굽는다.
Tip 이렇게 구우면 바삭하게 구워진다. 그러나 크림치즈를 넣어 구움색이 너무 진할 정도로 오래 구우면 크림치즈 특유의 풍미가 사라지므로 주의한다.

Tip 손가락으로 중심을 눌렀을 때 약간 단단함이 느껴질 정도로 구워야 한다. 필요에 따라 쿠킹포일 등으로 덮어가며 단단해질 때까지 굽는다.

캐러멜 크림 모카 사블레

유기농 황설탕으로 캐러멜 크림 소스를 만들면 그 맛이 정말 훌륭한데요.
하지만 유기농 황설탕 입자가 커서 잘 녹지 않기 때문에 만드는 데 어려움이 많답니다.
캐러멜 만들기에 익숙하지 않다면 일반 백설탕으로 만든 다음 유기농 황설탕 레시피에 도전해 보세요.
캐러멜 소스는 너무 적은 양을 만드는 것보다 넉넉히 만들어야 성공할 확률이 높아요.
사용하고 남으면 냉동실에 보관하세요.

Ingredients

버터 107g
유기농 황설탕 간 것 41g
소금 1g
캐러멜 크림 34g
유정란 16g
우리밀 중력분 157g
베이킹파우더 1g
아몬드 슬라이스 32g

달걀흰자 적당량
장식용 유기농 황설탕 약간

Oven

170℃로 예열한 오븐 10분 ▶
150℃ 10~15분

How to make

1 미리 실온에 두어 부드러워진 버터를 볼에 넣어 잘 푼다.

2 ①에 유기농 황설탕 간 것과 소금을 넣고 잘 섞는다.
Tip 유기농 황설탕은 믹서에 곱게 갈아 넣는다.

3 ②에 캐러멜 크림을 넣고 잘 섞는다.

4 ③에 미리 실온에 꺼내 둔 유정란을 넣고 잘 섞는다.

캐러멜 크림 만들기

재료 물 20g, 유기농 황설탕 80g, 생크림 80g, 소금 약간

Ⓐ 높이가 있는 냄비에 물을 먼저 넣고 유기농 황설탕을 넣은 다음 중약불에 끓인다.

Ⓑ 다른 냄비에 생크림을 넣어 끓인다.

Ⓒ 절대 젓지 말고 타지 않게 불을 조절 하면서 끓여 어릴 적 먹었던 뽑기 향처럼 달달한 캐러멜 향이 나면 불을 끈다.

Ⓓ 부르르 끓어 오른 생크림을 C에 넣는다.
Tip 이때 생크림이 부글부글 끓어 오르면서 뜨거운 증기가 발생하므로 각별히 주의한다.

Ⓔ 밑이 두꺼운 냄비를 사용했다면 냄비를 미온수에 담가 온도를 내리거나 다른 그릇에 옮긴다.
Tip 설탕 덩어리가 생기면 약한 불로 줄여 고무주걱으로 저어가며 살짝 더 끓인다.

5 ④에 우리밀 중력분과
베이킹파우더를 함께 체에
쳐 넣는다.

6 고무주걱의 날을 세워
반죽을 칼로 자르듯
섞는다.

7 가루가 80% 정도 섞이면
아몬드 슬라이스를 넣고
가볍게 섞는다.

8 반죽이 마르지 않게 래핑해
30분 정도 냉장실에서
휴지시킨다.

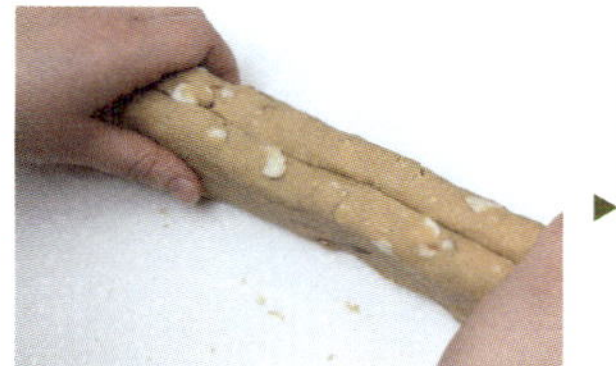

9 휴지가 끝난 반죽을
둥근 막대 모양이나
직사각형으로 만든다.

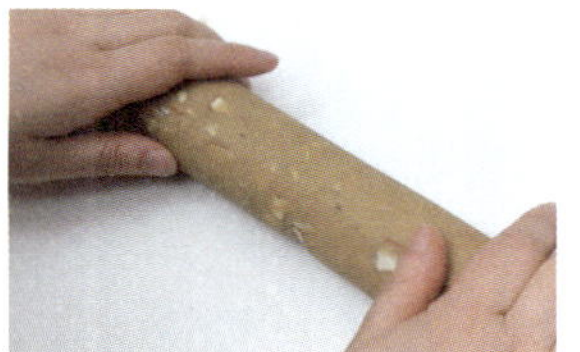

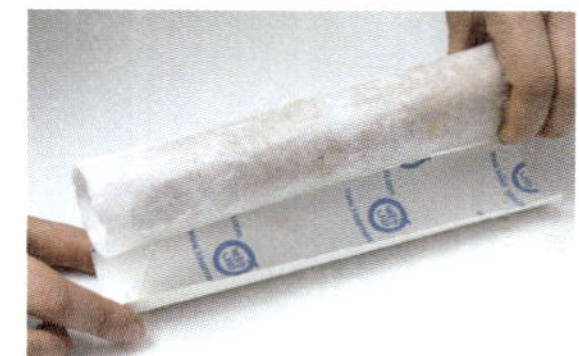

10 둥근 막대 모양 반죽을
노루지에 올려 감아 자
등을 이용해 단단하게 성형한다.

11 랩의 심을 반으로 잘라
성형한 쿠키 반죽을 올려
둥근 모양이 눌리지 않게 하여
냉동실에서 단단하게 굳힌다.

12 단단하게 굳은 반죽의
표면에 살짝 거품을 낸
달걀흰자를 바른다.

13 표면에 장식용 유기농
황설탕을 꼼꼼히 묻힌다.

14 1cm 두께로 자른다.

15 쿠키팬에 올려 170℃르
예열한 오븐에서 10분
정도 굽다가 온도를 150℃로 낮춰
10〜15분 정도 더 굽는다.
Tip 손가락으로 중심을 눌러 약간
단단함이 느껴질 정도로 구워야 식감이
바삭하다.

단호박
사블레

단호박 특유의 달콤한 향과 기분을 좋게 하는 맛이 나는 시나몬이 잘 어우러진 건강한 기운을 돋우게 하는 쿠키예요.

단호박씨가 쿠키 안에서 얼마나 고소함을 자랑하는지 꼭 만들어 보세요.

단호박 사블레는 어르신들이 정말 좋아하시니 의미 있는 날 선물해 보세요.

쿠키봉에 묻히는 설탕에 시나몬파우더를 섞어도 좋아요.

Yield
지름 5~6cm 30개 정도

Ingredients
버터 137g
유기농 황설탕 간 것 57g
소금 1.5g
유정란 24g
우리밀 중력분 189g
단호박가루 15g
베이킹파우더 1g
호박씨 60g

달걀흰자 적당량
유기농 황설탕 적당량

Oven
170℃로 예열한 오븐 10분 ▶
150℃ 10~15분

How to make

1 미리 실온에 두어 부드러워진 버터를 볼에 넣어 잘 푼다.

2 ①에 유기농 황설탕 간 것과 소금을 넣고 잘 섞는다. ***Tip* 유기농 황설탕은 입자가 크고 불규칙해 그대로 넣으면 설탕 입자가 그대로 남기 때문에 믹서에 곱게 갈아 넣는다.**

3 ②에 실온에 꺼내 둔 유정란을 4~5번에 나눠 넣고 분리되지 않도록 주의하며 섞는다.
***Tip* 겨울철에는 유정란을 체온 정도로 중탕해 소량씩 넣어 반죽한다.**

4 ③에 우리밀 중력분, 단호박가루, 베이킹파우더를 함께 체에 쳐 넣는다.

5 반죽이 80% 정도 섞이면 호박씨를 넣고 섞는다.

6 반죽이 마르지 않게 래핑해 30분 정도 냉동실에서 단단하게 휴지시킨다.

7 휴지가 끝난 반죽을 둥근 막대 모양으로 만든다.

8 노루지에 반죽을 올려 감아 자 등을 이용해 둥근 막대 형태로 성형한 다음 냉동실에서 단단하게 굳힌다.

9 단단하게 굳은 반죽의 표면에 살짝 거품을 낸 달걀흰자를 바른다.

10 표면에 유기농 황설탕을 꼼꼼히 묻힌다.

11 1cm 두께로 자른다.

▶

12 팬에 올려 170℃로 예열한 오븐에서 10분 정도 굽다가 150℃에서 10~15분 정도 더 굽는다.

***Tip* 손가락으로 쿠키 중심을 눌렀을 때 약간 단단함이 느껴질 정도로는 구워야 바삭하다.**

추억의
사블레

어릴 적 친척 어른들이 사다 주시곤 하던 종합선물세트.
기억하는 분도 있을 테고 생소한 젊은 분들도 있겠지요.
저는 종합선물세트에 들어 있는 여러 과자 중에 사블레를 제일 좋아했어요.
종합선물세트의 맛을 떠올리면서 이제 그 사블레를 직접 만들어 먹어요.

Yield
지름 7cm 12개 정도

Ingredients
버터 86g
유기농 황설탕 55g
바닐라 농축액 3g
유정란 27g
우리밀 중력분 104g
베이킹파우더 2g

유기농 황설탕 적당량

Oven
160℃로 예열한 오븐 12분 ▶
150℃ 8분

Special Tip
핸드메이드 바닐라 농축액 만들기
40% 정도의 보드카 100㎖당 바닐라빈 10g의 비율로 재료를 준비한다. 바닐라빈에 길이로 칼집을 낸 후 보드카병에 넣어 뚜껑을 닫아 어둡고 서늘한 곳에 보관하다가 가끔 병을 흔들어주며 4~6개월 정도 숙성하여 필요할 때마다 잘 흔들어 사용한다.

1 실온에 꺼내 놓은 버터를 볼에 넣어 부드럽게 풀고 유기농 황설탕을 넣고 잘 섞는다.
Tip 설탕은 녹이지 않는다.

2 ①에 바닐라 농축액을 넣고 잘 섞는다.
Tip 달걀을 넣는 과자에 바닐라 농축액을 넣으면 잡내를 없애고 풍미를 더한다. 바닐라 농축액은 제품에 따라 농도가 다르니 넣는 양을 조절한다.

3 미리 실온에 꺼내 둔 유정란을 3~4번에 나눠 넣는다.
Tip 과도하게 휘핑하면 쿠키의 식감이 가벼워지면서 잘 부스러지므로 주의한다.

4 ③에 우리밀 중력분과 베이킹파우더를 함께 체에 쳐 넣는다.

5 고무주걱의 날을 세워 반죽을 칼로 자르듯 섞는다.

6 반죽이 마르지 않게 래핑해 1시간 이상 냉장실에서 휴지시킨다.

7 휴지가 끝난 반죽은 12등분해서 둥글게 성형한다.

8 유기농 황설탕을 담은 그릇에 반죽을 넣어 굴리듯 설탕을 묻힌다.

9 팬에 퍼지는 간격을 고려해 간격을 띄우고 팬닝한다.

10 랩으로 감싼 계량컵 바닥으로 반죽을 평평하게 누른다.

11 160℃로 예열한 오븐에서 12분 정도 굽다가 150℃로 온도를 낮추고 8분 정도 더 굽는다.
Tip 굽자마자 먹을 때와 하루쯤 지나 먹는 식감이 다르다. 바삭한 식감이 좋다면 굽자마자, 부드러운 식감이 좋다면 하루 지나서 먹는다.

쇼트
브레드

특유의 푸석한 질감과 볼륨감을 충분히 느낄 수 있는 쇼트 브레드.
가볍게 반죽해야 질겨지지 않아요.
버터의 풍미가 매우 사랑스러운 쇼트 브레드를 꼭 만들어 보세요.

Yield
6~7cm 길이 14~15개

Ingredients
버터 64g
유기농 황설탕 간 것 48g
소금 0.6g
유정란 10g
우리밀 중력분 208g
베이킹파우더 4g
우유 16g
생크림 72g

달걀물 적당량
장식용 유기농 황설탕 약간

Oven
160℃로 예열한 오븐 12~13분

1 실온에 두어 부드러워진 버터를 볼에 넣고 부드럽게 푼다.

2 ①에 유기농 황설탕 간 것과 소금을 넣고 잘 섞는다.
tip 소금 0.3g은 1꼬집 정도다. 유기농 황설탕은 믹서에 곱게 갈아 넣는다.

3 ②에 유정란을 넣고 잘 섞는다.

4 ③에 우리밀 중력분과 베이킹파우더를 함께 체 쳐 넣는다.

5 ④에 우유와 생크림을 넣고 고무주걱의 날을 세워 반죽을 칼로 자르듯 섞는다.

6 반죽을 한 덩어리로 뭉친다.

7 반죽을 카드로 반으로 잘라 가볍게 포개며 결을 만든다.

8 반죽을 겹친다.

9 반죽을 비닐에 넣고 밀더로 0.7~0.8cm 두께로 민다. 30분 정도 냉장실에서 휴지시킨다.
tip 반죽의 양 옆에 0.7~0.8cm 높이의 지지대를 두고 밀면 균일한 높이로 쉽게 펼 수 있다.

10 1cm 두께로 자른다.

11 반죽의 표면에 달걀물을 바른다. 장식용 유기농 황설탕을 뿌린다.

12 포크로 모양을 낸다.

13 팬에 간격을 띄워 얹고 160℃로 예열한 오븐에서 12~13분 정도 굽는다. 식힘망에 올려 식힌다.

아망드
쇼콜라

쌉싸래한 코코아파우더와 귤 제스트의 은은한 향, 바삭한 아몬드 슬라이스가 맛의 조화를 이룬 쿠키예요.
아망드 쇼콜라 같은 쿠키의 생명은 바삭함이에요. 쿠키색이 어느 정도 나면 오븐 온도를 낮춰 말리듯 오래 구워야 속까지
바삭바삭해요. 바삭하게 굽고 나서 완전히 식힌 다음 습기에 노출이 안 되도록 잘 밀봉해 보관해야 맛있게 먹을 수 있어요.
구운 김 봉지 속에 들어 있는 실리카겔을 넣어 두면 좋아요.

Yield

6(가로)X4.5(세로)cm 20개 정도

Ingredients

버터 113g
유기농 황설탕 간 것 57g
소금 1g
우리밀 중력분 147g
무가당 코코아파우더 13g
아몬드 슬라이스 55g
귤 제스트 약간

달걀흰자 약간
유기농 황설탕 적당량

Oven

170℃로 예열한 오븐 10분 ▶
150℃ 10~15분

Special Tip

귤 제스트 만들기
귤 제스트는 귤 껍질의 오렌지빛
표피만 얇게 저며 다져 사용한다.
한라봉이나 오렌지, 천혜향 등으로
만들어도 좋다.

1 실온에 두어 부드러워진 버터를 볼에 넣고 부드럽게 푼다.

2 ①에 유기농 황설탕 간 것과 소금을 넣고 잘 섞는다.
Tip 유기농 황설탕은 믹서에 곱게 갈아 넣는다.

3 ②에 우리밀 중력분과 무가당 코코아파우더를 함께 2번 이상 체에 쳐 넣는다.

4 고무주걱의 날을 세워 반죽을 칼로 자르듯 섞는다.

5 ④에 아몬드 슬라이스와 귤 제스트를 넣고 잘 섞는다.

6 반죽을 한 덩어리로 뭉친다.

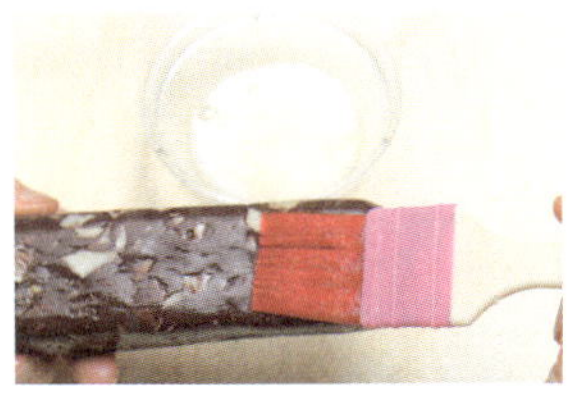

7 반죽을 한 덩어리로 뭉쳐 직사각형으로 만든다.

8 노루지 등으로 감싸 모양을 단단하게 잡아 냉동실이나 냉장실에 2시간 이상 넣어 단단히 굳힌다.

9 단단하게 굳은 반죽의 표면에 살짝 거품을 낸 달걀흰자를 바른다.

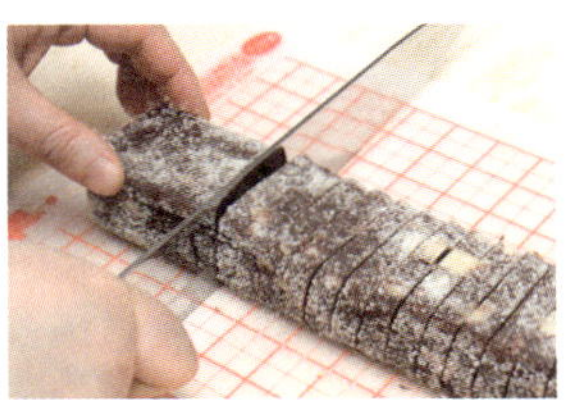

10 표면에 설탕을 꼼꼼히 묻힌다.

11 0.8cm 두께로 자른다.

12 팬에 올려 170℃로 예열한 오븐에서 10분 정도 굽다가 150℃로 낮춰 10~15분 정도 더 굽는다.

Tip 손가락으로 쿠키 중심을 눌렀을 때 약간 단단함이 느껴질 정도로는 구워야 바삭하다.

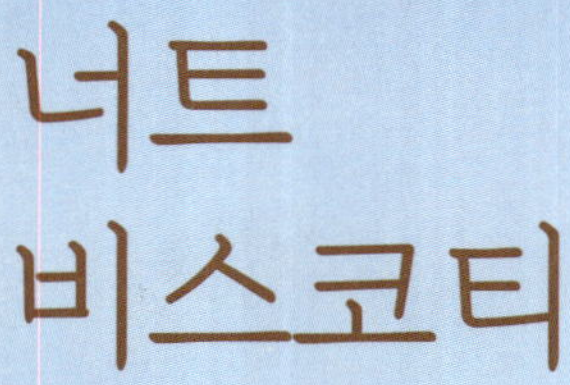

너트
비스코티

두 번 구워 바삭한 쿠키인 비스코티. 특히 굽기에 신경을 써야 하는 과자예요.
레시피에 표기한 온도와 시간을 참고해 구웠는데도 바삭하지 않다면
여열이 남은 오븐에 5~6분 정도 더 두었다가 꺼내면 돼요.

Yield

10~11cm 길이 20개 정도

Ingredients

버터 80g
유기농 황설탕 간 것 70g
유정란 78g
우리밀 중력분 160g
베이킹파우더 2g
베이킹소다 2g
아몬드파우더 45g
다진 호두 40g
다진 아몬드 40g
크랜베리 30g

Inactive Prep

크린베리는 뜨거운 물에 데쳐 찬물
에 헹구어 물기를 제거한 다음 소
량의 오렌지주스나 레드 와인에 잠
깐 담갔다가 물기를 제거하여 사용
한다.

Oven

160℃로 예열한 오븐 20분 ▶
140℃ 20분

1 실온에 두어 부드러워진 버터를 볼에 넣고 부드럽게 푼다.

2 ①에 유기농 황설탕 간 것과 소금을 넣고 잘 섞는다.
tip 유기농 황설탕은 믹서에 곱게 갈아 넣는다.

3 ②에 유정란을 3~4번에 나눠 넣고 잘 섞는다.

4 ③에 우리밀 중력분, 베이킹파우더, 베이킹소다를 함께 체 쳐 넣고 아몬드파우더도 넣어 섞는다.

5 ④에 다진 호두, 다진 아몬드, 크랜베리를 넣고 섞는다.
tip 아몬드를 너무 크게 다져 넣으면 8번 과정에서 자를 때 모양이 깨지는 것이 많으므로 주의한다.

6 반죽을 비닐에 넣고 밀대로 1.5cm 두께의 직사각형 모양으로 민다. 30분 정도 냉장실에서 휴지시킨다.
tip 반죽의 양 옆에 2cm 높이의 지지대를 두고 밀면 균일한 높이로 쉽게 펼 수 있다.

7 오븐팬에 종이포일을 깔고 반죽을 얹어 160℃로 예열한 오븐에서 20~25분 정도 굽는다.

구운 후.

8 20분 정도 식혀 1.5cm 두께로 자른다.

9 팬에 얹어 140℃로 예열한 오븐에서 20분 정도 단단하고 바삭하게 굽는다.
tip 구움색이 너무 진하게 나지 않도록 굽는데, 쿠키의 가운데를 손가락으로 눌렀을 때 약간 단단하게 느껴질 정도로 굽는다.

크랜베리
스콘

거친 듯 딱딱하게 먹는 스콘도 있지만 보들보들하게도 만들 수 있어요.
부드러운 스콘을 맛보려면 반죽을 가볍게 해야 해요.
또 굽기 전에 우유를 살짝 바르고 설탕을 솔솔 뿌려
충분히 색을 내어 구워야 속까지 잘 구워진답니다.

Yield

8~8.5cm 길이 6개 정도

Ingredients

우리밀 중력분 200g
베이킹파우더 8g
버터 80g
우유 90g
유정란 30g
유기농 황설탕 26g
소금 3g
크랜베리 40g
럼 약간

우유 약간
유기농 황설탕 적당량

Oven

170℃로 예열한 오븐 18~20분

1 우리밀 중력분과 베이킹파우더를 체에 쳐 작업대에 얹고 버터를 작게 잘라 올린다.

2 카드를 이용해 밀가루 안에서 버터를 잘게 자른다.
Tip **푸드 프로세서를 이용하면 편리하다.**

3 볼에 우유와 유정란을 넣는다.
Tip 우유 대신 생크림을 넣으면 훨씬 부드러운데 생크림을 넣는다면 레시피의 우유량(90g)보다 조금 더 넣어도 좋다.

4 ③에 유기농 황설탕과 소금을 넣고 잘 섞는다.

5 잘게 자른 버터와 우리밀 중력분의 한가운데에 우물을 만들고 ④를 넣는다.

6 우물 안쪽부터 허물어 가며 섞는다.

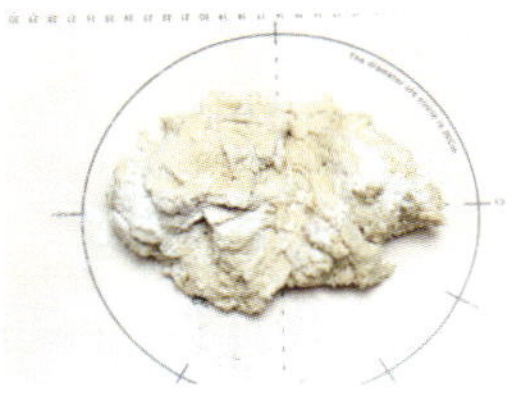

7 우유가 흘러내리지 않을 정도가 되면 모두 섞는다.

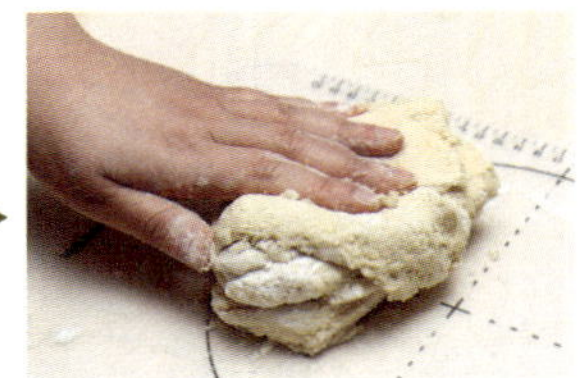

8 손바닥으로 눌러 뭉쳐지면 카드로 잘라 포개어 다시 누르기를 반복하며 결을 만든다.

9 반죽에 크랜베리를 넣고 잘 섞는다.
Jip 크랜베리는 끓는 물에 데쳐 럼에 재워 사용한다.

10 반죽을 2cm 두께의 원반 모양으로 만든다.

11 반죽이 마르지 않게 래핑해 2시간 이상 냉장실에서 휴지시킨다.
Jip 최소 2시간에서 12시간 정도 숙성시킨다.

12 휴지가 끝난 반죽을 6등분한다.

13 반죽의 윗면에 우유를 바른다.

14 유기농 황설탕을 골고루 뿌린다.

15 팬에 베이킹 페이퍼를 깔고 팬닝한다.

16 170℃로 예열한 오븐에서 18~20분 정도 노릇하게 굽는다.

복분자
다쿠아즈

요즘은 마카롱이 대세지만 이 다쿠아즈를 맛보게 된다면 "다쿠아즈~ 다쿠아즈~" 할 거예요.
다쿠아즈는 아몬드파우더나 헤이즐넛파우더와 거품을 낸 달걀흰자를 섞어 슈거파우더를 뿌려 구운 반건조 생지에
버터 크림을 채운 과자예요. 피레네 산맥이 펼쳐진 프랑스 남서부 닥스 지방에서 전해 오는 과자로 아몬드나 헤이즐넛이
많이 나는 스페인과 인접한 덕에 스페인의 특산품인 아몬드나 헤이즐넛을 이용한 과자가 다양하게 발달했어요.
저는 복분자를 넣어 우리식 다쿠아즈를 만들어 보았어요. 초코파이처럼 큼직하게 짜서 만들어도 좋아요.

Yield
지름 6.5~7cm 6개 정도

Ingredients 가나슈
다크 초콜릿 28g
복분자(또는 라즈베리) 17g
생크림 14g
쌀조청 5g

Ingredients 다쿠아즈
달걀흰자 97g
유기농 황설탕 87g
우리밀 중력분 4g
아몬드파우더 59g
코코아파우더 18g
슈거파우더 적당량

Oven
160~170℃로 예열한 오븐
10~12분

1 가나슈를 만든다. 볼에 다크 초콜릿을 넣어 중탕으로 녹인다.

2 또 다른 볼에 복분자, 생크림, 쌀조청을 넣고 끓인다.
Tip 복분자의 씨앗이 부담스럽다면 생크림과 끓여 체에 밭쳐 씨를 걸러낸다.

3 ①에 ②를 넣어 섞는다.

4 매끈하게 섞어 식혀서 짤주머니에 옮겨 담아 잠시 냉장실에 넣어 둔다.
Tip 냉장실에 넣어 두면 짜기 좋게 굳는다.

5 다쿠아즈를 만든다. 깨끗한 볼에 달걀흰자를 넣는다.

6 핸드믹서를 중속으로 작동시켜 거친 흰 거품이 생기기 시작할 정도로만 휘핑한다.

7 흰 거품이 생기기 시작하면 유기농 황설탕을 3번에 나눠 넣으며 머랭을 올린다.

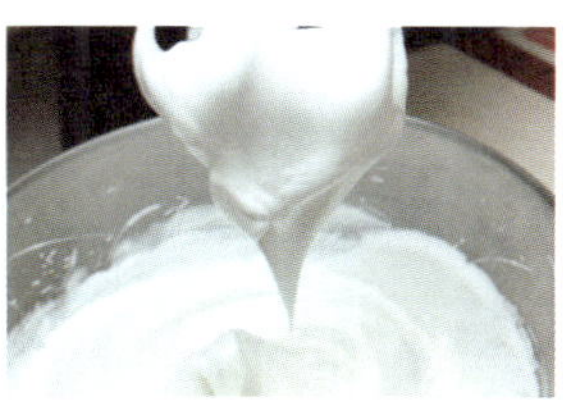

8 머랭의 끝이 부드러우면서 뽀족한 모양이 되도록 완성한다.

9 ⑧에 2번 이상 함께 체에 친 우리밀 중력분. 아몬드파우더. 코코아파우더를 넣는다.

10 머랭이 꺼지지 않게 주의하면서 조심스럽게 섞는다.

11 완성된 반죽은 1cm 크기의 원형 깍지를 끼운 짤주머니에 담고 팬에 테플론 시트를 깔아 일정한 크기로 짠다.

12 슈거파우더를 2번 뿌린다.
Tip 슈거파우더를 과하게 뿌리면 표면이 두꺼워져 보기 좋지 않으므로 주의한다.

13 160~170℃로 예열한 오븐에서 10~12분 정도 구워 식힌다.

14 다쿠아즈가 가나슈를 짜기에 적당한 굳기로 식으면 가나슈를 적당히 짠다.
Tip 초콜릿이 식어 주르륵 흐르지 않을 정도로 식힌다.

15 비슷한 크기의 다쿠아즈로 짝을 맞춰 덮는다.

사과
파이

생각만 해도 침이 고이는 맛있는 사과를 졸여 만든 파이예요.
가을이 무르익어 갈 즈음 나오는 홍옥으로 만들면 정말 맛있지만
냉장실에서 말라 가는 사과로 만들어도 맛있어요.
파이 껍질을 노릇노릇하게 구워야 바삭하고 맛있어요.

Yield

19.5(지름)×4(높이)cm
파이틀 1개

Ingredients 파이 생지

우리밀 중력분 225g
차가운 버터 142g
얼음물 79g
유기농 황설탕 5g
소금 3g

Ingredients 사과조림

사과 4개
유기농 황설탕 100g
버터 49g
시나몬파우더 1작은술+1/2작은술
옥수수전분(콘스타치) 2큰술
레몬즙 23g
건포도 50g
다진 호두 50g

달걀노른자 약간

Inactive Prep

파이 생지를 만들어 270g과 180g
으로 나눠 놓는다.

Oven

180℃로 예열한 오븐 45~50분

1 파이 생지를 만든다.
푸드프로세서에 우리밀
중력분과 차가운 버터를 넣고
다른 볼에 얼음물, 유기농 황설탕,
소금을 섞어 준비한다.
tip 건조한 계절에는 물을 1~2g 정도 더
넣는다.

2 푸드프로세서를 작동시켜
버터를 잘게 자른다.

3 미리 섞어 녹여 둔 얼음물,
유기농 황설탕, 소금을
섞는다.

4 수분 없이 섞이면
푸드프로세서를 멈춘다.

5 작업대로 ④를 옮긴다.

6 반죽을 손바닥으로 눌러
가며 뭉치고 겹쳐 누르고
카드로 잘라 다시 겹치고 누르기를
반복해 파이 결을 만든다.

7 매끈하게 만들어지면
누르고 자르기를 멈춘다.

8 반죽을 270g과 180g으로 나누어 각각 래핑해 냉장실에서 1~2시간 이상 휴지시킨다.

9 사과조림을 만든다. 팬에 적당한 크기로 자른 사과, 유기농 황설탕, 버터를 넣고 조린다.

10 어느 정도 끓여 수분이 졸아 들면 시나몬파우더를 넣는다.

11 옥수수전분을 넣고 재빨리 섞는다.

12 레몬즙을 넣는다.

13 건포도를 넣고 수분이 없어질 때까지 조린다.

14 다진 호두를 넣고 잘 섞은 후 차게 식힌다.

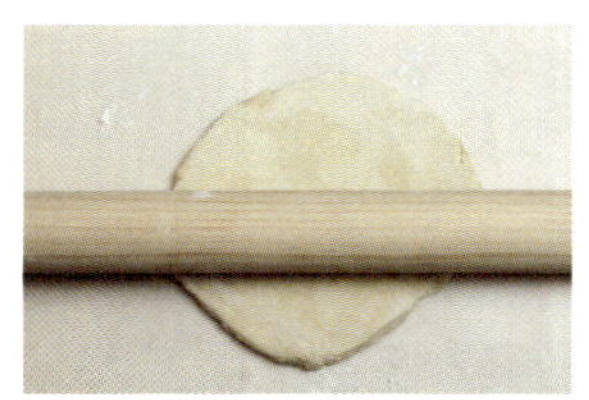

15 휴지가 끝난 반죽(270g)을 밀대를 이용하여 원형으로 민다.

16 반죽을 틀보다 약간 크게 민다.

17 밀대로 반죽을 감아 틀로 옮겨 팬닝한다.
Tip 손으로 옮겨도 되지만 체온으로 인해 반죽이 늘어지거나 찢어질 수 있으므로 밀대로 감아 옮기는 것이 좋다.

18 틀의 모서리도 잘 맞춰가며 팬닝한다.

19 팬닝한 후 마르지 않게 잘 래핑해 냉장실에서 30분 정도 휴지시킨다.
Tip 바쁠 때는 냉동실에서 10분 정도 휴지시켜도 된다.

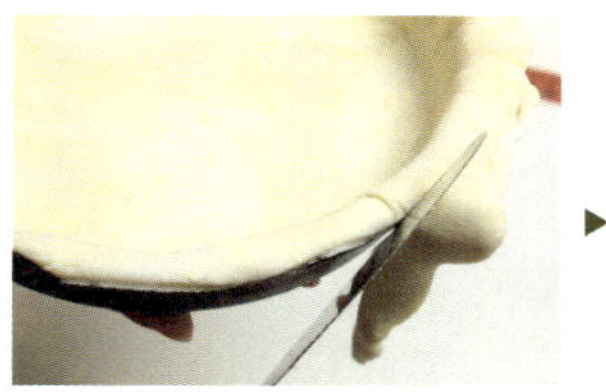 

20 휴지가 끝나면 칼을 이용해 정리한다.

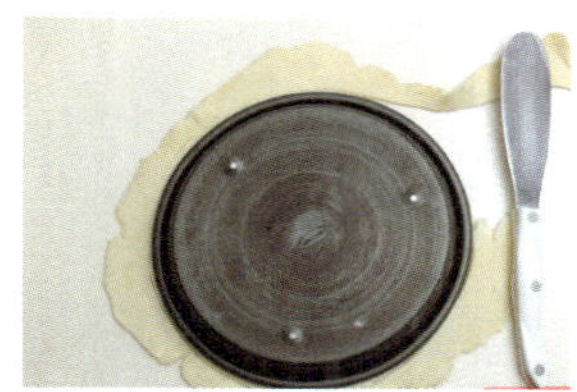

21 팬닝이 끝나면 피케 후 래핑해 잠시 냉장실에 둔다.
Tip 피케는 포크로 반죽에 군데군데 구멍을 내는 것을 말한다.

22 같은 방법으로 파이지를 한 장(180g) 더 밀어 팬의 윗부분에 맞춰 잘라 뚜껑 부분을 만든다.

23 포크를 이용해 피케한 후 냉장실에 넣어 마르지 않게 잠시 둔다.

24 사과조림을 차갑게 식혀 냉장실에 두었던 차가운 파이틀에 채워 넣는다.

25 테두리에 붓을 이용해 물칠을 한다.

26 뚜껑을 덮는다.

27 포크로 테두리를 눌러 상단과 하단을 여민다.

28 달걀노른자를 풀어 뚜껑에 바른다.

29 180℃로 예열한 오븐에서 45~50분 정도 굽는다.
Tip 굽는 온도가 낮으면 파이의 밑바닥색이 적게 나서 눅눅한 파이가 되기 쉬우므로 높은 온도에서 구워야 한다. 윗면의 색이 많이 나면 쿠킹포일을 여러 겹 겹쳐 덮어가며 굽는다.

30 틀에서 빼내 식힘망에 올려 식힌다.

미니
호두 파이

파이의 생명은 파이 생지의 바삭함에 있어요.
색이 나도록 잘 구워 충분히 식힌 다음 포장해야 바삭하게 먹을 수 있어요.
호두와 피칸을 섞어 파이를 만들면 참 맛있어요.

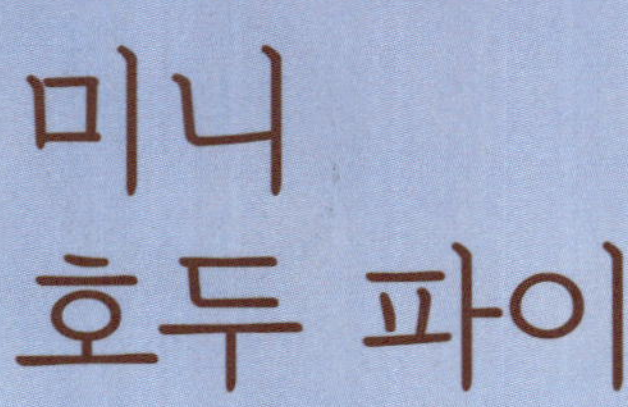

Yield

6(지름)×2.5(높이)cm
미니 파이틀 10개

Ingredients 파이 생지

우리밀 중력분 154g
버터 97g
유기농 황설탕 4g
찬물 54g
소금 1.7g

Ingredients 필링 재료

마스코바도 41g
꿀 33g
메이플 시럽 33g
버터47g
유정란 87g
코코넛파우더 적당량
다진 호두와 다진 피칸 100g

Oven

180℃로 예열한 오븐
25~30분

1 파이 생지를 30g씩 나눈다.
tip 파이 생지 만드는 법은 199쪽 (사과 파이)을 참조한다. 건조한 계절에는 물을 1~2g 정도 더 넣는다.

2 손가락으로 반죽을 틀에 맞춰 밀어 펼쳐 틀 높이 보다 높게 팬닝한다.

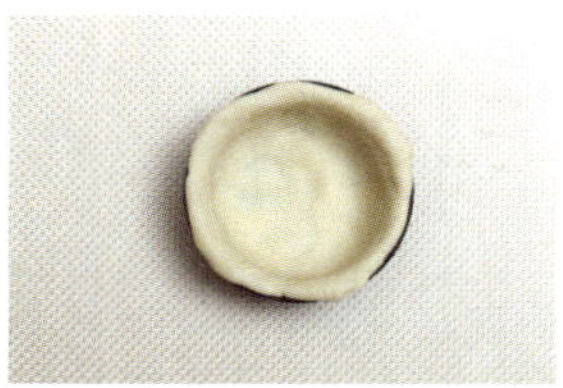

3 포크를 이용해 피케한다.
tip 피케란 포크로 반죽에 군데군데 구멍을 내는 것을 말한다.

4 팬에 틀을 얹고 30분 정도 냉장실이나 냉동실에서 휴지시킨다.

5 마스코바도, 꿀. 메이플시럽. 버터를 넣고 중탕한다.

6 ⑤에 유정란을 3~4번에 나눠 넣고 잘 섞는다.

7 파이틀에 코코넛파우더를 적당히 넣고 다진 호두와 다진 피칸을 80% 정도 채운다.
tip 코코넛파우더가 없다면 넣지 않아도 된다.

8 ⑦에 ⑥을 틀의 80% 정도 채워 넣는다.

9 180℃로 예열한 오븐에서 25~30분 정도 굽는다.
tip 파이가 노릇노릇하고 바삭해질 때까지 굽는다.

10 식힘망에 조심스럽게 올려 식힌다.

캐러멜 견과류 타르트

캐러멜 견과류 타르트에서 가장 중요한 포인트는 캐러멜의 상태예요. 너무 강하게 태우듯 진한 향을 내면 쓴맛이 강해지기 때문에 중간보다 약한 불에서 서서히 색을 내는 것이 무엇보다 중요해요. 원하는 캐러멜색이 나면 팔팔 끓인 생크림을 2~3번에 나눠 섞으세요. 설탕이 쉽게 타지 않도록 바닥이 두껍고 큰 냄비를 선택해야 안전하게 만들 수 있어요.

Yield
17(지름)×2.5(높이)cm
타르트틀 1개

Ingredients 캐러멜 견과류
물 2작은술
유기농 황설탕 65g
생크림 150g
꿀 38g
달걀노른자 22g
우리밀 중력분 10g
견과류(호두, 잣, 마카다미아, 헤이
즐넛, 피칸 등) 100g

Ingredients 파이 생지
우리밀 중력분 100g
버터 62g
얼음물 36g
유기농 황설탕 3g
소금 1g

Inactive Prep
파이 생지 만드는 법은 199쪽 사과
파이를 참조한다.

Oven
180℃로 예열한 오븐 15분 ▶
170℃ 15~20분

1 깊이가 깊은 큰 냄비에 물 2작은술을 넣고 유기농 황설탕을 넣어 약한 불에서 끓인다.

2 다른 냄비에 생크림과 꿀을 넣어 끓인다.

3 절대 젓지 말고 타지 않게 불을 조절하면서 끓여 어릴 적 먹었던 뽑기 향과 같은 달달한 캐러멜 향이 나면 불을 끈다.

4 생크림이 부르르 끓어오르면 ③에 조금씩 나눠 넣는다.
Tip 끓어오르면서 뜨거운 증기가 발생하므로 각별히 주의한다.

5 바닥이 두꺼운 냄비를 사용했다면 냄비를 미지근한 물에 담가 온도를 내리거나 다른 그릇에 옮긴다.

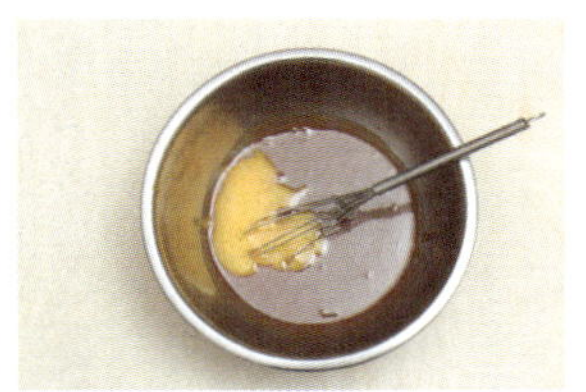

6 ⑤가 체온 정도로 식으면 달걀노른자를 넣고 섞는다.

7 ⑥에 우리밀 중력분을 체에 쳐 넣고 잘 섞는다.

8 ⑦에 미리 구워 놓은 견과류를 넣고 섞는다.
Tip 견과류는 150℃의 오븐에서 10분 정도 굽는다.

9 틀에 팬닝해 냉장실에서 휴지시킨 파이지에 포크로 피케한다.
Tip 파이 생지 만드는 법은 199쪽을 참조한다. 건조한 계절에는 물을 1~2g 정도 더 넣는다.

10 ⑨에 ⑧을 채워 넣는다.

11 180℃로 예열한 오븐에서 15분 정도 굽다가 170℃로 온도를 낮춰 15~20분 정도 더 굽는다.

12 틀에서 빼내 식힘망에서 식힌다.

에그
타르트

겹겹이 부풀어 오른 바삭한 파이와 말랑말랑 보드라운 에그 푸딩의 찰떡궁합을 자랑하는 타르트예요.
타르트는 필링을 채우고 위에 반죽으로 덮지 않는 프랑스식 파이를 말하는데요, 홍콩 여행을 다녀온 지인에게서
줄 서서 먹는다는 홍콩의 그 유명한 에그 타르트를 선물로 받아 맛본 적이 있어요. 그런데 기대를 너무 많이 했는지
약간 섭섭한 맛이더라고요. 세상에서 제일 맛있는 에그 타르트는 집에서 만드는 엄마표 에그 타르트라고 생각합니다.

Yield

6(지름)×2.5(높이)cm
미니 파이팬 10개

Ingredients 파이 생지

우리밀 중력분 140g
버터 88g
유기농 황설탕 3g
찬물 49g
소금 1.5g

Ingredients 푸딩 크림

우유 190g
생크림 90g
유기농 황설탕 70g
바닐라빈 1개
달걀노른자 70g
옥수수전분 10g
럼 약간

Oven

180~190℃로 예열한 오븐
15~17분 ▶
160~170℃ 20분

How to make

1 휴지가 끝난 파이 생지를 28g으로 분할해 에그 타르트 틀에 넣고 손가락을 이용해 밀어 펼쳐 팬닝한다.

Tip 파이 생지 만드는 법은 199쪽을 참조한다. 건조한 계절에는 물을 1~2g 정도 더 넣는다.

2 냉장실이나 냉동실에 넣어 30분 정도 휴지시킨다.

3 누름돌로 눌러 180~190℃로 예열한 오븐에서 15~17분 정도 굽는다.
Tip 누름돌로 누르지 않고 구우면 납작한 쿠키처럼 내려앉아 필링을 채울 수 없다. 누름돌은 시판 제품이나 콩, 쌀 등을 이용하면 된다.

4 냄비에 우유와 생크림을 넣고 유기농 황설탕(70g)에서 1큰술 정도 덜어 넣는다.

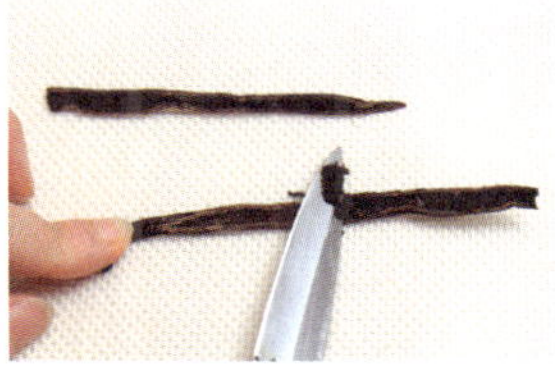

5 바닐라빈은 길이로 반 갈라 칼끝으로 씨를 긁어내어 ④에 넣고 끓인다.

6 볼에 달걀노른자를 넣고 유기농 황설탕(1큰술 정도)을 넣어 재빨리 섞는다.

7 ⑥에 옥수수전분을 넣고 잘 섞는다.

8 ⑦에 ④를 넣고 섞는다.

9 ⑧을 다시 냄비로 옮겨 살짝 끓인다.

10 ⑨를 체에 내리고 알끈을 걸러 럼을 섞은 다음 푸딩 크림을 완성한다.

11 구워 놓은 파이 생지에 ⑩의 푸딩 크림을 채워 넣는다. *Tip* 구운 파이 생지가 노릇하게 색이 나면 틀째 굽고 색이 약하면 틀에서 빼내 푸딩 크림을 채워 굽는다.

12 160~170℃의 오븐에서 20분 정도 더 굽는다.

유자
마들렌

유자로 유자청만 담가 차로만 마시면 섭섭하죠. 유자청을 이용한 마들렌은 레몬으로 만든
마들렌과는 또 다른 맛과 향으로 유혹해요. 만들기도 쉽고 선물하기에도 좋아요.
유자청 대신 레몬 제스트와 레몬즙을 넣어 마들렌을 만들어도 돼요. 레몬은 팔팔 끓는 물에 데쳐
소금이나 베이킹소다로 빡빡 문지른 후 깨끗이 헹궈 사용하세요.

Yield
12개

Ingredients
우리밀 중력분 78g
베이킹파우더 2.5g
유기농 황설탕 75g
소금 약간
유정란 82g
중탕 버터 78g
유자청 16g
유자 건더기 다진 것 15g

틀에 바를 녹인 버터 적당량
틀에 뿌릴 강력분 약간

Oven
160~170℃로 예열한 오븐
10~12분

Special Tip
유자청 만들기
유자청을 만들 때에는 번거롭더라
도 유자 과육에 박힌 씨와 껍질 안
쪽에 붙어 있는 흰 속껍질을 숟가
락 등으로 최대한 제거해서 손질한
유자와 동량의 설탕을 넣고 담근
다. 이렇게 하면 쓴맛이 없어 정말
맛있다.

1 믹싱볼에 우리밀 중력분과
베이킹파우더를 함께 체에 쳐
넣고 유기농 황설탕과 소금을 넣어
잘 섞는다.

2 ①에 실온에 미리 꺼내
둔 유정란을 한꺼번에 다
넣는다.

3 거품기를 세워 반죽을
섞는다.

4 ③에 중탕한 버터를
2~3번에 나눠 넣는다.
Tip **중탕 버터는 버터를 스테인리스
볼에 담고 볼째 뜨거운 물에 담가
녹인다.**

5 ④에 유자청과 유자 건더기
다진 것을 넣고 잘 섞어
래핑해 2시간 이상 냉장실에서
휴지시킨다.

6 마들렌틀에 녹인 버터를
얇게 바르고 체를 이용하여
강력분을 살살 뿌려 냉장실에 잠깐
넣어 둔다.

7 휴지가 끝난 반죽을
스쿱으로 12등분해
팬닝한다.

8 160~170℃로 예열한
오븐에서 10~12분 정도
굽는다.
Tip 윗면이 봉긋하게 올라오고
테두리에 구움색이 나면 거의 구워진
것이다.

9 틀에서 빼내 식힘망에서
식힌다.

얼그레이
마들렌

조개 모양의 틀에 반죽을 넣어 굽는 마들렌은 버터 향이 풍부해 고급스러운 맛이 나요.
모양은 작지만 프랑스를 한껏 느끼게 하는 작은 케이크예요.
모양도 예쁘고 맛도 좋아 선물 과자로도 좋은 마들렌은 부재료만 약간 바꿔
다양하게 변화를 줄 수 있어요. 홍차가루를 넣은 얼그레이 마들렌은
따끈한 홍차 한잔과 함께 맛보면 그 향이 더욱 그윽해요.

Yield

12개

Ingredients

유정란 66g
우유 24g
홍차가루 4g
우리밀 중력분 84g
베이킹파우더 2g
유기농 황설탕 간 것 84g
중탕 버터 84g

틀에 바를 녹인 버터 적당량
틀에 뿌릴 강력분 약간

Oven

160~170℃로 예열한 오븐
10~12분

1 작은 믹싱볼에 실온에 꺼내
둔 유정란, 우유, 홍차가루를
넣어 잘 섞는다.
Tip 홍차가루는 티백에 든 홍차가루를
사용해도 되는데 입자가 거친 것은 체에
거르거나 믹서에 갈아 사용한다.

2 넉넉한 크기의 믹싱볼에
우리밀 중력분과
베이킹파우더를 함께 체 쳐 넣고
유기농 황설탕 간 것을 넣어 잘
섞는다.
Tip 유기농 황설탕은 믹서에 곱게 간다.

3 ②에 ①을 한꺼번에 다
넣는다.

4 손거품기를 세워 볼
중심에서 바깥쪽으로
동심원을 그리듯 섞는다.
Tip 이렇게 섞으면 마구 섞는 것보다
덩어리 없이 쉽게 잘 섞인다.

5 ④에 중탕으로 녹인 버터를
3~4번에 나눠 섞는다.

6 윗면이 마르지 않도록
잘 래핑해 2시간 정도
휴지시킨다.
Tip 휴지를 생략하면 예쁜 배꼽이
생기지 않는다.

7 마들렌틀에 녹인 버터를
얇게 바르고 강력분을 뿌려
냉장실에 잠시 넣어 둔다.

8 휴지가 끝난 반죽을
스쿱으로 12등분해
팬닝한다.

9 160~170℃로 예열한
오븐에서 10~12분 정도
굽는다.

10 다 구워지면 틀에서 빼내
식힘망에서 식힌다.

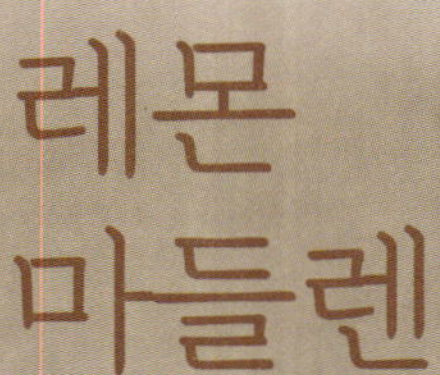

레몬
마들렌

마들렌의 진수! 레몬 마들렌은 부드러운 맛과 레몬 특유의 향긋함으로 누구나 좋아하죠.
유자 마들렌, 얼 그레이 마들렌, 오렌지 크림치즈 마들렌까지. 책에 소개한 여러 종류의 마들렌을 구워
마들렌 종합선물세트를 만들어 선물하면 아주 소중한 추억이 될 거예요.

Yield

12개

Ingredients

우리밀 중력분 78g
베이킹파우더 2.5g
유기농 황설탕 74g
소금 약간
유정란 82g
꿀 9g
중탕 버터 78g
레몬 제스트 1/2개분
레몬즙 9g

틀에 바를 녹인 버터 적당량
틀에 뿌릴 강력분 약간

Oven

160~170℃로 예열한 오븐
10~12분

1 믹싱볼에 우리밀 중력분과 베이킹파우더를 함께 체에 쳐 넣는다.

2 ①에 유기농 황설탕과 소금을 넣어 잘 섞는다.

3 ②에 유정란을 한 번에 넣는다.

4 거품기를 세워 반죽을 섞는다.

5 ④에 꿀을 넣는다.

6 ⑤에 중탕한 버터를 2~3번에 나눠 넣는다.
tip 중탕 버터는 버터를 전자레인지에서 녹이거나 스테인리스볼에 담고 볼째 뜨거운 물에 담가 녹인다.

7 ⑥에 레몬 제스트와 레몬즙을 넣고 잘 섞는다.
tip 레몬 제스트는 레몬을 끓는 물에 살짝 넣었다 건져 베이킹소다를 뿌려 문지른 다음 맑은 물로 헹군다. 칼이나 제스터로 노란 겉껍질을 긁어낸다.

8 표면이 마르지 않도록 래핑해 2시간 이상 냉장실에서 휴지시킨다.

9 마들렌에 녹인 버터를 얇게 바르고 체를 이용하여 강력분을 살살 뿌려 냉장실에 잠깐 넣어 둔다.

10 휴지가 끝난 반죽은 스쿱으로 12등분해 팬닝한다.

11 160~170℃로 예열한 오븐에서 10~12분 정도 굽는다.
tip 윗면이 봉긋하게 올라오고 테두리에 구움색이 나면 거의 구워진 것이다.

12 틀에서 빼내 식힘망에서 식힌다.

오렌지 크림치즈 마들렌

마들렌에 크림치즈와 오렌지즙, 오렌지 제스트를 넣으면 어떤 맛일지 궁금하지 않으세요?
오렌지 크림치즈 마들렌은 정말 부드럽고 맛있는 특별한 마들렌이에요.
마들렌틀은 한 개뿐인데 한꺼번에 많이 굽고 싶을 때가 있지요? 참 난감한데요.
그럴 때에는 뜨거운 마들렌틀을 뒤집어 찬물을 뿌려 식히면 온도가 금세 떨어져
뜨거운 틀이 식을 때까지 마냥 기다리지 않아도 되니 작업 시간이 짧아져요.
찬물을 뿌릴 때에는 화상을 조심하세요.

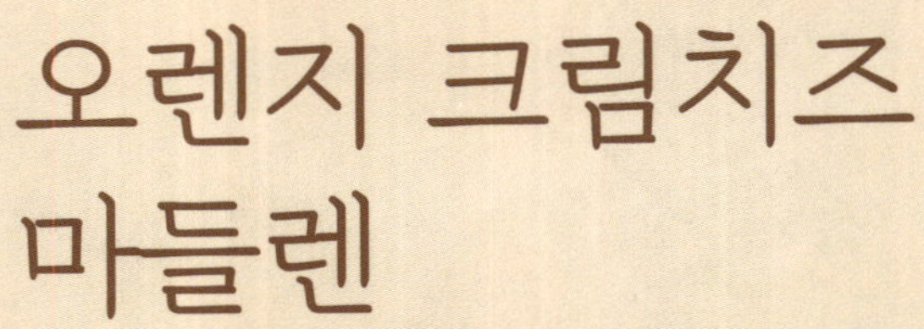

Yield

12개

Ingredients

우리밀 중력분 80g
베이킹파우더 2g
유기농 황설탕 간 것 72g
유정란 82g
오렌지 제스트 1/2개분
오렌지즙 40g
크림치즈 48g
녹인 버터 40g

틀에 바를 녹인 버터 적당량
틀에 뿌릴 강력분 적당량

Oven

160~170℃로 예열한 오븐
10~12분

1 믹싱볼에 우리밀 중력분과 베이킹파우더를 함께 체에 쳐 넣는다.

2 ①에 유기농 황설탕 간 것을 넣고 잘 섞는다.
Tip 유기농 황설탕은 입자가 크고 불규칙해 그대로 넣으면 설탕 입자가 그대로 남기 때문에 믹서에 곱게 갈아 넣는다.

3 ②에 실온에 꺼내 둔 유정란을 한꺼번에 넣고 덩어리 없이 잘 섞는다.

4 ③에 오렌지 제스트와 오렌지즙을 넣고 섞는다.
Tip 오렌지 제스트 대신 한라봉이나 귤, 천혜향 제스트로, 오렌지즙은 오렌지 주스를 넣어도 된다.

5 버터는 중탕으로 녹이고 크림치즈는 부드럽게 풀어 각각 준비한다.

6 물성이 다른 두 재료가 쉽게 잘 섞일 수 있게 필요에 따라 미지근한 중탕볼에 크림치즈를 넣은 볼을 올려 부드럽게 만든 다음 녹인 버터를 조금씩 나눠 넣어 잘 섞는다.

7 ④에 ⑥의 크림치즈와 버터 섞은 것을 넣고 잘 섞는다.

8 매끈하게 잘 믹싱이 되면 표면이 마르지 않도록 잘 래핑해 2시간 이상 냉장실에서 휴지시킨다.

9 휴지가 끝난 반죽을 스쿱으로 12등분해 팬닝한다.

10 160~170℃로 예열한 오븐에서 10~12분 정도 굽는다.

11 다 구워지면 틀에서 빼내 식힘망에서 식힌다.

초코
피낭시에

굽고 나서 바로 먹어야 맛있는 과자도 있고
굽고 나서 식기를 기다렸다가 먹어야
더 맛있는 과자도 있어요.
진한 초코 향이 매력적인 초코 피낭시에는
만들고 굽고 식히는 시간까지 기다릴 줄 알아야
제맛을 보여 주는 과자예요.
시간이 지나면 촉촉함이 살아나요.

Yield
10개

Ingredients
달걀흰자 115g
유기농 황설탕 115g
소금 약간
우리밀 중력분 36g
무가당 코코아파우더 9g
아몬드파우더 43g
베이킹파우더 2g
녹인 버터 115g

틀에 바를 녹인 버터 적당량

Oven
170℃로 예열한 오븐 12~13분

1 볼에 달걀흰자, 유기농 황설탕, 소금을 넣는다.

2 ①을 따끈한 중탕볼에 올려 고무주걱으로 조심스럽게 살살 저으면서 기포가 덜 생기게 주의하며 설탕을 녹인다.

3 우리밀 중력분, 무가당 코코아파우더, 아몬드파우더, 베이킹파우더를 2번 이상 체에 쳐 ②에 넣는다.

4 거품기를 세워 볼 중심에서 바깥쪽으로 동심원을 그리듯 섞는다.
Jip 이렇게 섞으면 마구 섞는 것보다 덩어리 없이 쉽게 잘 섞을 수 있다.

5 ④에 중탕으로 녹인 버터를 3~4번에 나눠 섞는다.

Jip 버터는 미리 중탕으로 녹여 둔다.

6 반죽이 매끈해질 때까지 잘 섞는다.

7 짤주머니에 원형 깍지를 끼우고 반죽을 넣어 버터를 살짝 바른 피낭시에틀에 80% 정도만 채운다.

8 170℃로 예열한 오븐에서 12~13분 정도 굽는다.

9 다 구워지면 틀에서 빼내 식힘망에서 차게 식힌다.

헤이즐넛 피낭시에

붕어빵에는 붕어가 없고 헤이즐넛 피낭시에에는 헤이즐넛이 없어요.
우유 버터를 끓여 버터 속의 우유 성분이 살짝 태워지면서 마치 헤이즐넛의 고소한 풍미와 비슷한 향이 나요.
헤이즐넛 피낭시에는 김장할 때 꼭 담그는 배추김치처럼 피낭시에의 기본이니 한번 만들어 보세요.

Yield

10개

Ingredients

달걀흰자 113g
유기농 황설탕 115g
우리밀 중력분 43g
아몬드파우더 75g
헤이즐넛 버터 110g
꿀 12g

틀에 바를 녹인 버터 적당량

Oven

170℃로 예열한 오븐 12~13분

1 볼에 달걀흰자와 유기농 황설탕을 넣고 중탕으로 데우면서 기포가 덜 생기도록 주의하며 거품기로 살살 저어 설탕을 녹인다.

2 설탕이 입자 없이 잘 녹으면 함께 체에 쳐 준비한 우리밀 중력분과 아몬드파우더를 넣는다.
Tip 우리밀 중력분과 아몬드파우더는 미리 체에 쳐 둔다.

3 거품기를 세워 볼 중심에서 바깥쪽으로 동심원을 그리듯 섞는다.
Tip 이렇게 섞으면 마구 섞는 것보다 덩어리 없이 쉽게 잘 섞을 수 있다.

4 버터를 끓여 한 김 식힌 헤이즐넛 버터에 꿀을 넣고 섞는다.
Tip 헤이즐넛 버터 만드는 법은 219쪽을 참조한다.

5 ③의 반죽이 덩어리 없이 잘 섞이면 ④의 헤이즐넛 버터를 3~4번에 나눠 넣고 섞는다.

6 짤주머니에 원형 깍지를 끼우고 반죽을 넣는다.

7 버터를 살짝 바른 피낭시에틀에 반죽을 80% 정도만 채워 넣는다.

8 170℃로 예열한 오븐에서 12~13분 정도 굽는다.

9 다 구워지면 틀에서 빼내 식힘망에서 식힌다.

피넛버터
피낭시에

그냥 먹어도 고소하고 맛있는 피낭시에에 피넛버터와 헤이즐넛 버터를 넣었으니 그 맛은 상상 이상이에요.

버터를 끓여 헤이즐넛 특유의 고소한 향이 날 정도로만 살짝 태운 버터를 헤이즐넛 버터라고 하는데요.

예전에 베이킹 수업을 들을 때 피낭시에를 만든 적이 있었는데 한 수강생이 버터에 헤이즐넛을 안 넣은 것 같다며

얼마나 놀라던지 헤이즐넛 버터만 보면 그때가 떠올라 미소가 지어져요.

Yield
10개

Ingredients
우리밀 중력분 43g
아몬드파우더 58g
유기농 황설탕 106g
소금 약간
달걀흰자 100g
헤이즐넛 버터 80g
피넛버터 20g

틀에 바를 녹인 버터 적당량

Oven
170~180℃로 예열한 오븐
10~12분

Special Tip

피낭시에틀 준비하기
피낭시에틀에 미리 녹인 버터를 발
라 둔다.

1 믹싱볼에 우리밀 중력분과
아몬드파우더를 함께 체 쳐
넣는다.

2 ①에 유기농 황설탕과
소금을 넣고 손거품기로 잘
섞는다.

3 ②에 달걀흰자를 넣고
거품기를 세워 섞는다.

4 헤이즐넛 버터에
피넛버터를 넣어 섞는다.

5 ③에 ④를 3~4번에 나눠
섞는다.

6 매끈하게 잘 섞는다.

7 짤주머니에 담거나 스쿱을
이용해 버터를 살짝 바른
피낭시에틀에 80% 정도만 채운다.

8 170~180℃로 예열한
오븐에서 10~12분 정도
굽는다.

9 다 구워지면 틀에서 빼내
식힘망에서 식힌다.

헤이즐넛 버터 만들기

재료 버터 100g

A 팬에 버터를 넣고 약한 불에서 서서히 녹인다.
B 버터가 다 녹으면 중간 불로 올려 끓인다.
C 버터가 끓으면서 나는 소리가 잦아지고 고소한 버터 향이 나며
황금색을 띠기 시작하면 불을 약하게 줄인다.
D 적당한 색과 향이 나면 불에서 즉시 내린다.
E 태운 버터를 거름망에 거른다.
F 한 김 식혀 계량하여 사용한다.
Tip 체에 거른 후 양이 부족하면 버터를 넣어 무게를 맞춘다.

사워크림
컵케이크

사워크림을 넣어 반죽한 파운드케이크나 컵케이크는 정말 보드라운 실크 같아요.
사워크림이 없다면 생크림 요거트로 대신해도 되지만 사워크림 맛은 못 따라가요.
또 반죽 속에 블루베리나 라즈베리를 넣어 구워도 아주 맛있어요.

Yield
4.5(밑지름)×5(높이)cm
머핀컵 또는 비중컵 15개

Ingredients
버터 126g
유기농 황설탕 간 것 141g
소금 1g
유정란 68g
우리밀 중력분 123g
베이킹파우더 4g
사워크림 109g

Oven
160~170℃로 예열한 오븐
15~20분

1 버터는 미리 실온에 두어 부드러워지면 고무주걱으로 고루 푼다.

2 ①에 유기농 황설탕 간 것과 소금을 넣고 잘 섞는다.
Tip 유기농 황설탕은 믹서에 곱게 간다.

3 설탕의 입자가 작아지면 실온에 꺼내 둔 유정란을 4~5번에 나눠 넣고 분리되지 않도록 주의하며 섞는다.
Tip 겨울철에는 유정란을 체온 정도로 중탕해 조금씩 넣어 가며 섞어야 분리 현상을 막을 수 있다.

4 ③에 우리밀 중력분과 베이킹파우더를 함께 체에 쳐 넣는다.

5 ④에 사워크림을 넣고 표면이 매끄럽게 보일 때까지 가볍게 섞는다.

6 밑지름 4.5cm 크기의 은박 머핀컵에 주름지를 끼우고 스쿱을 이용해 반죽을 떠 넣는다.

7 160~170℃로 예열한 오븐에서 15~20분 정도 굽는다.

8 꼬치로 중심을 찔러 반죽이 묻어나는지 확인하고 잘 구워졌으면 틀에서 빼내 식힘망에서 식힌다.
Tip 나무꼬치로 찔러 반죽이 묻어나지 않으면 잘 구워진 것이다.

초코
머핀

초코 머핀은 초코칩 쿠키처럼 홈베이킹을 시작하면 꼭 만들어 보게 되는 기본 머핀이에요.

마지팬을 넣어 초코 머핀을 조금 업그레이드해 보았어요.

홈베이킹 초보자들에게 낯선 마지팬은 시판 제품을 활용해도 좋지만 직접 만들어 사용하면 더 맛있고 고소해요.

파운드케이크나 컵케이크, 마들렌 등에 조금씩 넣어 더욱 촉촉하게 맛보세요.

사용하고 남은 마지팬은 냉동실에 보관하면 돼요.

Yield

4.5(밑지름)×5(높이)cm
머핀컵 또는 비중컵 12개

Ingredients

마지팬 60g
버터 78g
유기농 황설탕 간 것 57g
유정란 100g
녹인 다크 초콜릿 40g
우리밀 중력분 62g
무가당 코코아파우더 18g
베이킹파우더 4g
생크림 39g
다크 초콜릿칩 54g

Ingredients 마지팬

아몬드파우더 50g
쌀조청(또는 물엿) 5g
유기농 황설탕 간 것 38g
달걀흰자 12~15g
마지팬의 재료를 분량대로 모두 섞어
60g만 사용한다.

Oven

160~170℃로 예열한 오븐
15~20분

1 볼에 분량대로 모두 섞어 만든 마지팬을 넣어 부드럽게 푼다.

2 ①에 실온에 두어 부드러워진 버터를 넣고 덩어리 없이 잘 섞는다.
Tip 마지팬과 버터를 조금씩 섞어야 잘 섞인다.

3 ②에 유기농 황설탕 간 것을 넣고 잘 섞은 다음 실온에 꺼내 둔 유정란을 4~5번 나눠 넣는다.
Tip 유기농 황설탕은 믹서에 곱게 간다.

4 매끈한 크림 상태가 될 때까지 휘핑한다.

5 ④에 중탕으로 녹인 다크 초콜릿을 넣고 잘 섞는다.

6 ⑤에 2번 이상 함께 체에 친 우리밀 중력분, 무가당 코코아파우더, 베이킹파우더를 넣고 고무주걱의 날을 세워 칼로 자르듯 섞는다.

7 ⑥에 생크림을 넣고 표면이 매끄러워질 때까지 가볍게 섞는다.

8 ⑦에 다크 초콜릿칩을 넣고 잘 섞는다.

9 밑지름 4.5cm의 비중컵에 주름지를 끼우고 스쿱을 이용해 반죽을 떠 넣는다.

10 160~170℃로 예열한 오븐에서 15~20분 정도 굽는다.

11 꼬치로 중심을 찔러 반죽이 묻어나는지 확인하고 잘 구워졌으면 틀에서 빼내 식힘망에서 식힌다.

한라봉
파운드케이크

한라봉 제스트를 반죽에 넣어 파운드케이크를 구우면 오렌지 제스트가 울고 갈 만큼 진한 향이 나요.
원래 오렌지로 제스트를 만들어야 하지만 수입 오렌지는 표면이 마르지 않도록
왁싱 처리해 수입된다고 듣고 나니 사용하기 꺼려지더라요.
이제 한라봉을 먹을 때 껍질을 버리지 말고 제스트를 만들어서 냉동실에 보관했다가
맛있는 파운드케이크를 만들어 드세요.

Yield

15.8(가로)×7.8(세로)×6.5(높이)cm
파운드틀 1개

Ingredients

버터 106g
유기농 황설탕 간 것 106g
소금 1g
유정란 116g
우리밀 중력분 106g
베이킹파우더 5g
우유 10g
귤 제스트 40g
그랑마니에 6g

틀에 바를 녹인 버터 적당량
틀에 뿌릴 강력분 약간

Oven

160~170℃로 예열한 오븐
30~35분

Special Tip

파운드틀 준비하기

Ⓐ 파운드틀에 버터를 얇게 바른다.

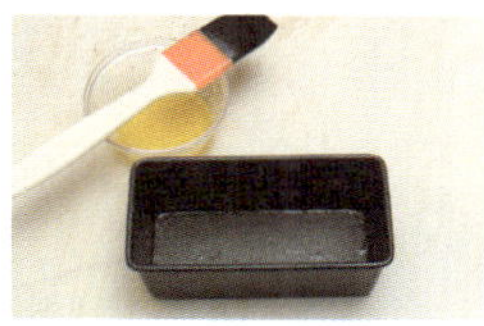

Ⓑ 체로 강력분을 살살 뿌리고 여분의 가루는 잘 털어낸다.

1 실온에 두어 부드러워진 버터를 잘 푼다.

2 ①에 유기농 황설탕 간 것과 소금을 넣고 잘 섞는다.
Tip 유기농 황설탕은 믹서에 곱게 간다.

3 설탕과 소금의 입자가 작아지면 실온에 꺼내 둔 유정란을 4~5번에 나눠 넣고 분리되지 않도록 주의하며 섞는다.
Tip 겨울철에는 유정란을 체온 정도로 중탕해 조금씩 넣어 가며 섞어야 분리 현상을 막을 수 있다.

4 ③에 우리밀 중력분과 베이킹파우더를 함께 체에 쳐 넣고 고무주걱으로 칼로 자르듯 섞는다.

5 ④에 우유를 넣고 가볍게 섞는다.

6 귤 제스트와 그랑마니에를 넣어 섞는다.
Tip 그랑마니에는 코냑에 오렌지팔을 넣어 오크통에서 숙성시켜 오크의 향이 은은하게 느껴지는 오렌지 리큐르이다. 없다면 럼으로 대신한다.

7 버터를 바르고 강력분을 얇게 코팅한 파운드틀에 반죽을 넣는다.

8 반죽을 틀의 높이보다 중앙이 낮은 U자 모양이 되도록 팬닝해 160~170℃로 예열한 오븐에서 30~35분 정도 굽는다.

9 꼬치로 중심을 찔러 반죽이 묻어나는지 확인하고 잘 구워졌으면 틀에서 빼내 식힘망에서 식힌다.

무화과 초코 파운드케이크

무화과는 반건조 제품을 사용해도 좋고 건조 무화과를 직접 당절임 하여 넣어도 좋아요.
건조 무화과는 끓는 물에 데쳐 시럽에 다시 한 번 끓여 식혀서 냉장실에 보관하면 돼요.
무화과 씨가 톡톡 터지는 식감도 정말 맛있지만
건조 무화과 대신 럼에 재운 건살구나 오렌지필, 크렌베리 등을 넣어도 좋아요.

Yield

15.8(가로)×7.8(세로)×6.5(높이)cm
파운드틀 1개

Ingredients

버터 90g
다크 초콜릿 녹인 것 48g
유기농 황설탕 62g
소금 1g
유정란 90g
꿀 15g
우리밀 중력분 74g
베이킹파우더 4g
아몬드파우더 12g
무가당 코코아파우더 12g
럼 5g
반건조 무화과 4개
호두 40g
헤이즐넛 30g

살구잼 적당량
틀에 바를 녹인 버터 적당량

Oven

160~170℃로 예열한 오븐
35~40분

1 실온에 두어 부드러워진 버터를 잘 푼다.

2 ①에 중탕으로 녹인 다크 초콜릿을 넣고 잘 섞는다.

3 ②에 유기농 황설탕과 소금을 넣고 손거품기로 바꿔 휘핑한다.
Tip 유기농 황설탕의 입자가 굵으면 믹서에 갈아 사용하는 것이 좋다.

4 황설탕과 소금의 입자가 작아지면 미리 실온에 꺼내 둔 유정란을 4~5번에 나눠 넣고 분리되지 않도록 주의하며 섞는다.

Tip 겨울철에는 유정란을 체온 정도로 중탕해 조금씩 넣어 가며 섞어야 분리 현상을 막을 수 있다.

Tip 거품기로 휘핑하는 횟수가 많다져 크림화가 진행될수록 공기포집이 커져 크림의 색이 옅어진다.

5 ④에 꿀을 넣는다.

6 ⑤에 2번 이상 함께 체 친 우리밀 중력분, 베이킹파우더, 아몬드파우더, 무가당 코코아파우더를 넣는다.

7 고무주걱의 날을 세워 반죽을 칼로 자르듯 섞는다.

8 ⑦에 럼을 넣는다.

9 ⑧에 반건조 무화과와 호두를 잘게 다져 넣고 헤이즐넛을 넣어 잘 섞는다.

10 파운드틀에 버터를 얇게 바르고 강력분을 뿌려 여분의 가루를 털어낸 다음 반죽을 넣고 틀의 높이보다 중앙이 낮은 U자 모양이 되도록 팬닝한다.

11 중심에 고무주걱 끝으로 선을 긋고 160~170℃로 예열한 오븐에서 35~40분 정도 윗면이 타지 않도록 주의하며 굽는다.

12 꼬치로 중심을 찔러 반죽이 묻어나는지 확인하고 잘 구워졌으면 틀에서 빼내 식힘망에 올려 살구잼을 바른다.
Tip 살구잼 대신 사과잼을 묽게 발라도 된다.

유자
파운드케이크

유자청을 베이킹에 넣으면 맛이 정말 훌륭해져요.
겨우내 냉장고를 차지하고 있는 유자청을 베이킹에 활용해 보세요.
이 책에서 알려 드린 발효빵이나 마들렌에 넣는 방법 외에도 치즈케이크나 팬케이크 등에도 조금 넣어 보세요.
다소 무겁게 느껴질 수 있는 파운드케이크도 유자청과 만나면 향긋하고 경쾌해져요.

Yield

15.8(가로)×7.8(세로)×6.5(높이)cm
파운드틀 1개

Ingredients

버터 76g
유기농 황설탕 간 것 80g
소금 1g
유정란 72g
우리밀 중력분 54g
베이킹파우더 2.5g
아몬드파우더 51g
사워크림 18g
유자청(다진 것) 78g

틀에 바를 녹인 버터 적당량
틀에 뿌릴 강력분 약간

Oven

160~170℃로 예열한 오븐
30~35분

1 실온에 두어 부드러워진 버터를 잘 푼다.

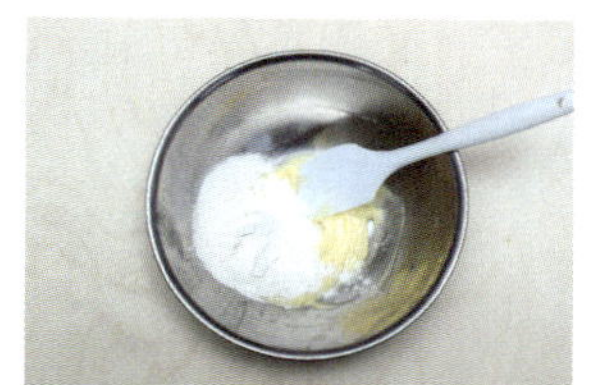

2 ①에 유기농 황설탕 간 것과 소금을 넣고 잘 섞는다.
Tip 유기농 황설탕은 믹서에 곱게 간다.

3 설탕과 소금의 입자가 작아지면 실온에 꺼내 둔 유정란을 4~5번에 나눠 넣고 분리되지 않도록 주의하며 섞는다.
Tip 겨울철에는 유정란을 체온 정도로 중탕해 조금씩 넣어 가며 섞어야 분리 현상을 막을 수 있다.

4 ③에 우리밀 중력분, 베이킹파우더, 아몬드파우더를 함께 체에 쳐 넣고 고무주걱으로 칼로 자르듯 섞는다.

5 ④에 사워크림을 넣고 가볍게 섞는다.

6 ⑤에 다진 유자청을 넣고 잘 섞는다.
Tip 유자청은 유자 건더기만 넣는다.

7 파운드틀에 버터를 얇게 바르고 강력분을 뿌려 여분의 가루를 털어낸 다음 반죽을 넣는다.

8 파운드틀의 높이보다 중앙이 낮은 U자 모양이 되도록 한다.

9 160~170℃로 예열한 오븐에서 30~35분 정도 굽는다.

레몬
파운드케이크

상큼한 레몬 제스트와 레몬즙을 넣고 머랭을 넣어 만든 파운드케이크예요.
머랭을 너무 단단하게 올리면 과하게 섞이게 되므로 머랭은
부드럽고 가볍게 올려서 사뿐사뿐 조심스럽게 섞으세요.
머랭은 단단하게 올리는 것보다 부드럽게 올려야
훨씬 더 머랭의 힘이 좋아져요.

Yield

15.8(가로)×7.8(세로)×6.5(높이)cm
파운드틀 1개

Ingredients

버터 97g
유기농 황설탕 A 36g
소금 2g
레몬 제스트 1/2개분
달걀노른자 31g
우리밀 중력분 92g
베이킹파우더 3g
플레인 요거트 23g
레몬즙 10g
달걀흰자 62g
유기농 황설탕 B 58g

틀에 바를 녹인 버터 적당량
틀에 뿌릴 강력분 약간

Oven

160~170℃로 예열한 오븐
30~35분

1 실온에 두어 부드러워진 버터는 잘 풀어 유기농 황설탕 A, 소금, 레몬 제스트를 넣고 잘 섞는다.

2 ①에 달걀노른자를 넣어 잘 휘핑한다.

3 ②에 우리밀 중력분과 베이킹파우더를 함께 체에 쳐 넣는다.

4 고무주걱의 날을 세워 반죽을 칼로 자르듯 섞는다.

5 ④에 플레인 요거트와 레몬즙을 넣어 섞는다.

6 깨끗한 볼에 달걀흰자를 넣고 핸드믹서를 작동한다.

7 흰 거품이 생기기 시작하면 유기농 황설탕 B를 3번에 나눠 넣으며 머랭을 올린다.

Tip. 유기농 황설탕은 입자가 커서 잘 녹지 않으므로 고속으로만 휘핑하면 설탕이 녹지 않은 불완전한 머랭이 되기 쉬우므로 저속 또는 중속으로 속도를 조절해 가며 안정적인 머랭을 만든다.

8 머랭의 끝이 부드러우면서 뾰족한 모양이 되도록 완성한다.

9 완성된 머랭의 1/3을 ⑤에 넣고 덩어리 없이 잘 섞은 다음 나머지 머랭을 넣고 가볍게 섞는다.

10 파운드틀에 버터를 얇게 바르고 강력분을 뿌려 여분의 가루를 털어낸 다음 반죽이 U자 모양이 되도록 팬닝하고 중심에 고무주걱 끝으로 선을 그린다.

Tip. 파운드틀 준비하는 법은 225쪽을 참조한다.

11 160~170℃로 예열한 오븐에서 30~35분 정도 구워 꼬치로 중심을 찔러 반죽이 묻어나는지 확인한다.

12 잘 구워졌으면 틀에서 꺼내 식힘망에 올려 식힌다.

크림치즈 파운드케이크

파운드케이크에 크림치즈를 넣으면 그 맛이 너무 잘 어울려 "찰떡궁합이네~"할 거예요.
보들보들 맛있는 크림치즈 파운드케이크는 흔치 않아 선물로 드리면 정말 좋아하세요.
반죽 속에 블루베리나 라즈베리 등을 넣어 만들어도 아주 맛있어요.

Yield
15.8(가로)×7.8(세로)×6.5(높이)cm
파운드틀 1개

Ingredients
크림치즈 55g
버터 66g
유기농 황설탕 간 것 89g
소금 1g
유정란 70g
우리밀 중력분 98g
베이킹파우더 2g
사워크림 28g

틀에 바를 녹인 버터 적당량
틀에 뿌릴 강력분 약간

Oven
160~170℃로 예열한 오븐
25~30분

1 실온에 두어 부드러워진 크림치즈와 버터를 잘 섞는다.

2 ①에 유기농 황설탕 간 것과 소금을 넣고 거품기로 휘핑한다.
Jip 유기농 황설탕은 믹서에 곱게 간다.

3 설탕과 소금의 입자가 작아지면 실온에 꺼내 둔 유정란을 4~5번에 나눠 넣고 분리되지 않도록 주의하며 섞는다.
Jip 겨울철에는 유정란을 체온 정도로 중탕해 조금씩 넣어 가며 섞어야 분리 현상을 막을 수 있다.

4 ③에 우리밀 중력분과 베이킹파우더를 함께 체에 쳐 넣고 고무주걱의 날을 세워 칼로 자르듯 섞는다.

5 ④에 사워크림을 넣고 가볍게 섞는다.

6 파운드틀에 버터를 얇게 바르고 강력분을 뿌려 여분의 가루를 털어낸 다음 반죽을 넣고 틀의 높이보다 중심이 낮은 U자 모양이 되도록 한다.
Jip. 파운드틀 준비하는 법은 225쪽을 참조한다.

7 중심에 고무주걱 끝으로 선을 그린다.

8 160~170℃로 예열한 오븐에서 25~30분 정도 굽는다.

9 틀에서 빼내 식힘망에 올려 식힌다.

Jip 적당한 색도 나고 정해진 시간대로 구웠어도 중심에 꼬치를 찔러 보아 반죽 상태의 액체가 묻어나지 않는지 확인한다. 만약 액체가 묻어나면 윗면을 쿠킹포일 등으로 덮어 더 굽는다.

보리가루
파운드케이크

보리가루로 만든 이 파운드케이크를 맛보면 제주도 보리빵이 생각나요.
물론 맛은 다르지만 구수한 보리 향은 같거든요. 버터를 넣지 않고 포도씨오일로만 파운드케이크를
구웠기 때문에 담백한 맛이 나고 쪄서 넣은 단호박과도 잘 어울려요.

15.8(가로)×7.8(세로)×6.5(높이)cm
파운드틀 1개

Ingredients

포도씨오일 70g
유기농 황설탕 42g
유정란 78g
보리가루 125g
베이킹파우더 1작은술
베이킹소다 1/2작은술
럼에 재운 건포도 38g
찐 단호박 으깬 것 166g

틀에 바를 포도씨오일 적당량

Oven

160~170℃로 예열한 오븐
30~35분

How to make

1 볼에 포도씨오일과 유기농 황설탕을 넣고 손거품기로 섞는다.

2 ①에 실온에 꺼내 둔 유정란을 4~5번에 나눠 넣어 분리되지 않도록 주의하며 섞는다.

3 ②에 함께 체에 친 보리가루, 베이킹파우더, 베이킹소다를 넣어 고무주걱의 날을 세워 반죽을 칼로 자르듯 섞는다.

4 과도하게 젓지 않도록 주의하면서 가볍게 섞는다.

5 럼에 재운 건포도와 찐 단호박 으깬 것을 넣는다.

6 파운드틀에 포도씨오일을 얇게 바르고 반죽을 넣어 틀의 높이보다 중심이 낮은 U자 모양이 되도록 한다.

7 160~170℃로 예열한 오븐에서 30~35분 정도 굽는다.
Tip 적당한 색도 나고 정해진 시간대로 구웠어도 중심에 꼬치를 찔러 보아 반죽 상태의 액체가 묻어나지 않는지 확인한다. 만약 액체가 묻어나면 윗면을 쿠킹포일 등으로 덮어 더 굽는다.

8 속까지 잘 구워졌으면 틀에서 빼내 식힘망에 올려 식힌다.

밤
구겔호프

원래 구겔호프틀은 주석으로 만들었다고 하는데요, 국내에서는 그 모양과 유사하게 만들어 판매되는
코팅팬이 주석 쿠겔호프틀을 대신하고 있어요. 구겔호프는 발효빵으로 만들어야 한다지만 틀의 모양이 예뻐
제과에도 응용해 보았어요. 가을 햇밤의 뽀얗고 부드러운 속껍질을 벗겨내지 않고 직접 보늬밤조림을 만들어
반죽에 넣으면 맛이 훨씬 좋아요. 밤 구겔호프를 굽고 남은 밤조림은 냉동 보관하면 돼요.

Yield
16(지름)×9(높이)cm
구겔호프틀 1개

Ingredients
버터 100g
유기농 황설탕 간 것 60g
유정란 110g
우리밀 중력분 125g
아몬드파우더 25g
베이킹파우더 5g
시나몬파우더 3g
플레인 요거트 25g
잘게 썬 밤 당절임 70g
잘게 다진 호두 20g

틀에 바를 녹인 버터 적당량
틀에 뿌릴 강력분 약간

Ingredients 럼 글레이즈
럼 10g
꿀 25g

Oven
170℃로 예열한 오븐 35~40분

Special Tip
구겔호프를 준비하기

Ⓐ 구겔호프틀에 버터를 얇게 바른다.

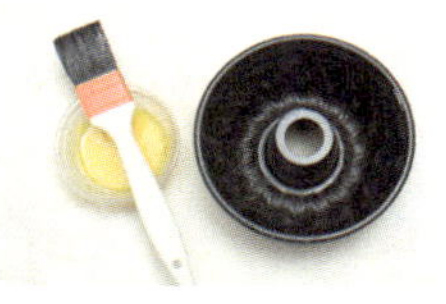

Ⓑ 강력분을 뿌려 여분의 가루는 잘 털어낸다.

1 실온에 두어 부드러워진 버터를 잘 푼다.

2 ①에 유기농 황설탕 간 것을 넣고 잘 섞는다.
Tip 유기농 황설탕은 믹서에 곱게 간다.

3 설탕의 입자가 작아지면 실온에 꺼내 둔 유정란을 4~5번에 나눠 넣고 분리되지 않도록 주의하며 섞는다. *Tip* 겨울철에는 유정란을 체온 정도로 중탕해 조금씩 넣어 가며 섞어야 분리 현상을 막을 수 있다.

4 ③에 우리밀 중력분, 아몬드파우더, 베이킹파우더, 시나몬파우더를 함께 체에 쳐 넣고 고무주걱의 날을 세워 칼로 자르듯 섞는다.

5 ④의 가루류가 80% 정도 섞이면 플레인 요거트를 넣고 가볍게 섞는다.

6 ⑤에 잘게 썬 밤 당절임과 잘게 다진 호두를 넣고 잘 섞어 반죽을 완성한다.

7 반죽을 구겔호프틀에 팬닝한다.

8 170℃로 예열한 오븐에서 35~40분 정도 굽는다.

9 속까지 잘 구워졌는지 확인하고 틀에서 빼내 식힘망에 올려 뜨거울 때 럼과 꿀을 섞은 럼 글레이즈를 바른다.

다크 초코
브라우니

진한 맛의 브라우니 한 조각과 진하게 내린 쌉싸래한 아메리카노 한잔으로 여유로운 시간을 즐기는 것을 좋아해요.
감사의 선물로 추천하고 싶은 다크 초코 브라우니는 본래 색이 진하니 색만으로는 구워진 정도를 판단하기 어렵고
너무 오래 구우면 브라우니 특유의 보드라운 맛이 사라지니 주의하세요.

Yield
15(지름)×7(높이)cm 1개

Ingredients
다크 초콜릿 140g
버터 70g
유기농 황설탕 42g
유정란 70g
우유 70g
우리밀 중력분 50g
베이킹파우더 2g
오렌지필 42g
잘게 다진 호두 35g
장식용 피칸(또는 호두) 약간

틀에 바를 녹인 버터 적당량

Oven
160~170℃로 예열한 오븐
25~30분

Special Tip
준비하기
틀에 버터를 얇게 바른다.

1 다크 초콜릿과 버터를 중탕으로 녹인다.

2 다크 초콜릿과 버터가 덩어리 없이 매끈하게 잘 섞이면 유기농 황설탕을 넣고 잘 섞는다.

3 설탕의 입자가 작아지면 실온에 꺼내 둔 유정란을 4~5번에 나눠 넣고 분리되지 않도록 주의하며 섞는다.
Tip 겨울철에는 유정란을 체온 정도로 중탕해 조금씩 넣어 가며 섞어야 분리 현상을 막을 수 있다.

4 체온 정도(36℃ 정도)로 데운 우유를 4~5번에 나눠 넣는다.

5 ④에 함께 체에 친 우리밀 중력분과 베이킹파우더를 넣고 매끈하게 섞는다.

6 ⑤에 오렌지필과 잘게 다진 호두를 넣고 섞는다.

7 반죽이 완성되면 래핑하여 냉장실에서 1시간 이상 휴지시킨다.

8 휴지시킨 반죽을 팬닝하고 피칸으로 장식해 160~170℃로 예열한 오븐에서 25~30분 정도 굽는다.

9 속까지 잘 구워졌는지 꼬치로 중심을 찔러 보아 반죽이 꼬치에 묻어나는지 확인하고 식힘망에 올려 식힌다.

크림치즈 마블 브라우니

크림치즈의 상큼함과 달콤 쌉싸래한 초코 브라우니는 맛에 있어 최강의 커플이에요.
그런데 두 반죽을 너무 많이 섞으면 마블링이 예쁘지 않아요.
힘을 빼고 가볍게 섞어야 시원시원한 마블링이 만들어진다는 것을 기억하세요.
늘 먹던 초코 브라우니 말고 색다른 브라우니를 원한다면 꼭 만들어 봐야 할 브라우니예요.

Yield

18(가로)×18(세로)×5(높이)cm
사각틀 1개

Ingredients 초콜릿 반죽

다크 초콜릿 88g
버터 45g
유기농 황설탕 간 것 75g
소금 1g
유정란 50g
우리밀 중력분 63g
베이킹파우더 1.3g
바닐라에센스 약간

Ingredients 크림치즈 반죽

크림치즈 225g
유기농 황설탕 간 것 36g
유정란 37g
레몬즙 8g
우리밀 중력분 15g

틀에 바를 녹인 버터 적당량

Oven

160~170℃로 예열한 오븐
35~40분

Special Tip

준비하기
틀에 버터를 얇게 바른다.

1 다크 초콜릿과 버터를 중탕으로 녹인다. 덩어리 없이 매끈하게 잘 섞이면 유기농 황설탕 간 것과 소금을 넣고 잘 섞는다.

2 실온에 꺼내 둔 유정란을 3~4번에 나눠 넣고 분리되지 않도록 주의하며 섞는다.

tip 겨울철에는 유정란을 체온 정도로 중탕해 조금씩 넣어 가며 섞어야 분리 현상을 막을 수 있다.

3 우리밀 중력분과 베이킹파우더를 체에 쳐 넣고 덩어리 없이 잘 섞어 초콜릿 반죽을 완성한다.

4 다른 볼에 실온에 꺼내 두어 말랑해진 크림치즈를 잘 푼다. 유기농 황설탕 간 것을 넣어 잘 섞는다.

tip 크림치즈를 미리 실온에 꺼내두지 못했다면 전자레인지에 살짝 돌려도 된다.

5 실온에 꺼내 둔 유정란을 2~3번에 나눠 넣고 분리되지 않도록 주의하며 섞는다.

6 레몬즙을 넣고 섞은 다음 우리밀 중력분을 체에 쳐 넣는다. 덩어리 없이 잘 섞어 크림치즈 반죽을 완성한다.

7 버터를 얇게 바른 사각틀에 스쿱을 이용하여 초콜릿 반죽과 크림치즈 반죽을 엇갈리게 팬닝한다.

8 젓가락을 이용해 멋진 마블링을 만든다. 160~170℃로 예열한 오븐에서 35~40분 정도 굽는다.

9 틀에서 빼내 식힘망에 올려 식힌다.

찹쌀
도넛

어릴 적 학교 앞 포장마차에서 팔던 찹쌀 도넛.
찹쌀 도넛을 맛있게 튀겨 팔던 사이좋은 아저씨와 아주머니의 솜씨는 정말 신기하고 부러웠어요.
어느새 저도 그 분들과 비슷한 나이가 되어서 찹쌀 도넛을 만드네요.

Yield
9개 정도

Ingredients
방앗간 젖은 찹쌀가루 150g
우리밀 강력분 30g
설탕 24g
소금 1g
베이킹파우더 3g
베이킹소다 2g
물(팔팔 끓인 물, 100℃) 48~52g
팥소 210g
튀김기름 적당량

시나몬 설탕 재료
유기농 황설탕 100g
시나몬파우더 1g

1 볼에 찹쌀가루, 우리밀 강력분, 설탕, 소금, 베이킹파우더, 베이킹소다를 함께 체에 쳐 넣는다.
Tip 찹쌀가루는 방앗간에서 판매하는 젖은 것으로 준비한다.

2 ①에 팔팔 끓인 물을 넣고 섞는다.

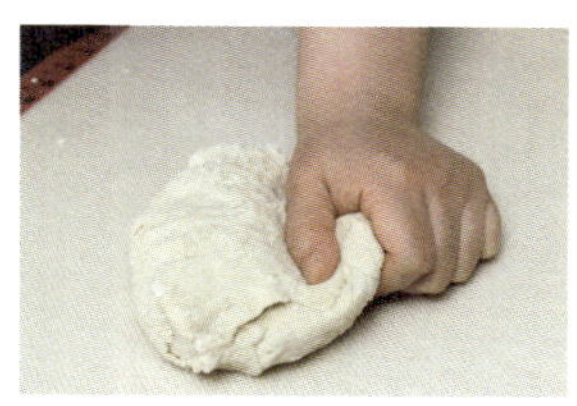

3 매끄러워질 때까지 반죽한다.

4 반죽을 9등분(약 28g)한다.

5 팥소는 25g씩 분할한다.
Tip 팥소 만드는 법은 21쪽을 참조한다.

6 팥소를 반죽에 올린 후 반죽을 잘 감싼다.

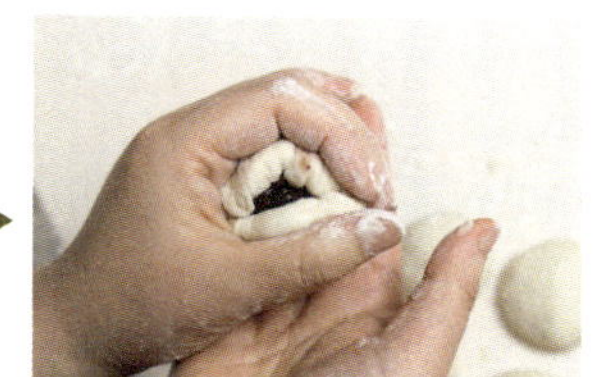

7 팬에 오일을 넉넉히 바르고 간격을 띄워 얹는다.
Tip 오일은 팬에 달라붙지 않을 만큼만 넣는다.

8 145~150℃의 높지 않은 온도의 튀김기름에 굴려 가며 속까지 잘 익도록 노릇하게 튀겨 식힌다.
Tip 높은 온도에서 튀겨 겉색만 진하게 나면 속은 익지 않는 경우가 있으므로 온도에 주의한다.

9 한 김 식으면 시나몬 설탕을 묻힌다.
Tip 시나몬 설탕은 유기농 황설탕과 시나몬파우더를 섞어 준비한다.

케이크
도넛

엄마가 도넛 믹스로 만들어 주셨던 예전의 도넛 맛이 그리워 유명 프랜차이즈 도넛숍에 들러 봤어요.
요즘에는 이런 도넛을 구하기가 쉽지 않더라고요. 그래서 제가 만들어 봤어요.
엄마가 되니 아이들에게 그 추억의 맛을 알려 주고 싶더라고요. 고맙게도 아이들도 맛있게 잘 먹어요.

Yield
링 모양 5개&작은 원형 15개

Ingredients

유정란 130g
설탕 146g
소금 3g
녹인 버터 49g
우리밀 중력분 324g
탈지분유 13g
베이킹파우더 10g
너트메그 1.5g
덧밀가루 약간
튀김기름 적당량

시나몬 설탕 재료
유기농 황설탕 100g
시나몬파우더 1g

1 볼에 유정란. 설탕. 소금을 넣어 설탕과 소금이 녹을 때까지 젓는다.

2 ①에 녹인 버터를 넣고 잘 섞는다.

3 ②에 우리밀 중력분. 탈지분유, 베이킹파우더. 너트메그를 함께 체에 쳐 넣고 덩어리지지 않게 잘 섞는다.

4 날가루가 보이지 않을 때까지 섞는다.

5 완성된 반죽을 비닐에 넣고 밀대를 이용해 고르게 밀어 편다.
Tip 반죽의 양 옆에 1cm 높이의 지지대를 두고 밀면 균일한 높이로 쉽게 밀 수 있다.

6 플라스틱 도마에 반죽을 올리고 냉동실에서 10~20분 정도 굳힌다.

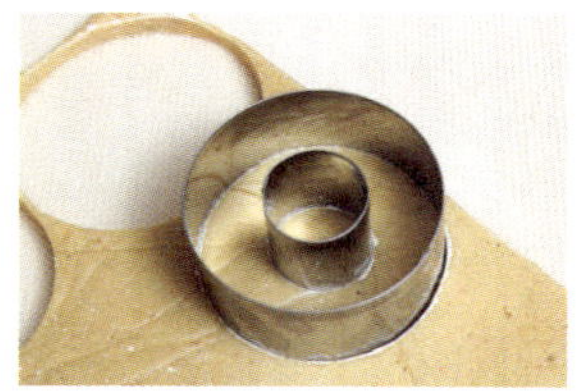

7 휴지를 마친 반죽은 도넛 모양의 커터로 찍는다.

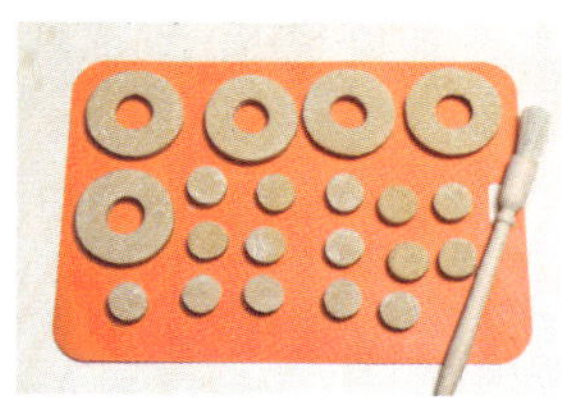

8 덧가루는 털어낸다.

9 팬에 튀김기름을 넣고 180~190℃가 되면 불을 끄고 반죽을 넣어 잠시 후 반죽이 떠오르면 다시 불을 켜 180℃가 되고 링 안쪽에 갈색이 확연히 보이면 뒤집는다. 색이 적당히 나면 건져내 한 김 식혀 시나몬 설탕을 묻힌다.
Tip 여러 번 뒤집으면 도넛에 기름이 배어 기름질 수 있다.

팬케이크

냉장실에 팬케이크 반죽을 미리 만들어 두었다가 아이가 학교에서 돌아오면 후다닥 크게 한 장 구워
메이플 시럽을 곁들여 주면 행복해하는 아이의 미소를 볼 수 있어요. 사랑스러운 팬케이크예요.

Yield

14cm(지름) 8장

Ingredients

우리밀 중력분 240g
베이킹파우더 3g
유기농 황설탕 60g
우유 170g
생크림 170g
유정란 155g
연유 40g
소금 3g
럼 15g
식용유 적당량
메이플 시럽 적당량

1 볼에 우리밀 중력분과 베이킹파우더를 함께 체에 쳐 넣는다.

2 ①에 유기농 황설탕을 넣고 거품기로 잘 섞는다.

3 다른 볼에 우유, 생크림, 유정란, 연유, 소금을 넣어 소금이 녹을 정도로 섞는다.

4 ②에 ③을 한 번에 넣고 거품기를 세워 저어 가며 가볍게 섞는다.

5 반죽이 덩어리지지 않고 매끈해지면 럼을 넣고 섞는다.

6 표면이 마르지 않게 래핑해 냉장실에서 30분 정도 휴지시킨다.

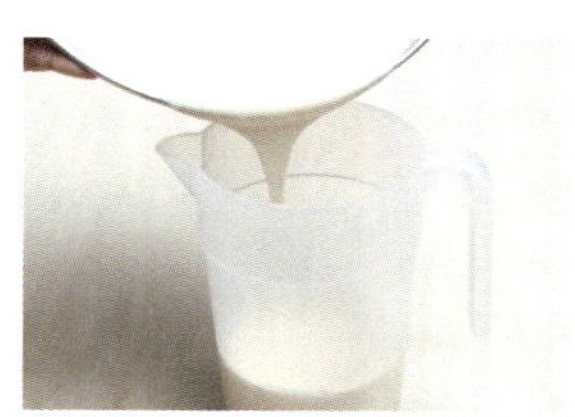

7 휴지시킨 반죽을 적당한 용기에 담는다.

Tip 남은 반죽은 냉장실에서 하루 정도 보관 가능하다.

8 팬을 적당히 달궈 오일을 바르고 반죽을 올린 다음 불을 약하게 줄인다.

9 표면에 분화구처럼 구멍이 생기고 가장자리가 노릇하게 구워지면 뒤집어 마저 익혀 접시에 담고 메이플 시럽을 곁들인다.

Index

Special Thanks

세라믹플로우
Ceramic flow

www.ceramicflow.com
070-4245-5621

마미핸즈의
베이킹 레시피

초판 1쇄 2016년 9월 9일

지은이 김지연
발행인 겸 편입인 유철상 **기획 · 책임편집** 조경자(travelfoodie@naver.com)
요리 어시스트 이혜진, 백성정, 오민희 **사진** 김영주
디자인 유혜영, 서은주 **교정** 홍주연 **마케팅** 조종삼, 조윤선

펴낸 곳 상상출판 **등록** 2009년 9월 22일(제305-2010-02호) **주소** 서울시 동대문구 정릉천동로 58, 103동 206호(용두동, 롯데캐슬피렌체)
전화 02-963-9891, 070-8886-9892 **팩스** 02-963-9892 **전자우편** cs@esangsang.co.kr
블로그 blog.naver.com/sangsang_pub **페이스북** /sangsangpub **인스타그램** /sangsang.publishing

ISBN 979-11-86517-90-1(13590)
© 김지연 2016

이 도서의 국립중앙도서관 출판예정도서목록(CIP)은 서지정보유통지원시스템 홈페이지(http://seoji.nl.go.kr)와
국가자료공동목록시스템(http://www.nl.go.kr/kolisnet)에서 이용하실 수 있습니다. (CIP제어번호 : CIP2016020164)

Premium Recipe Book Series

상상출판의
이야기가 있는
만찬

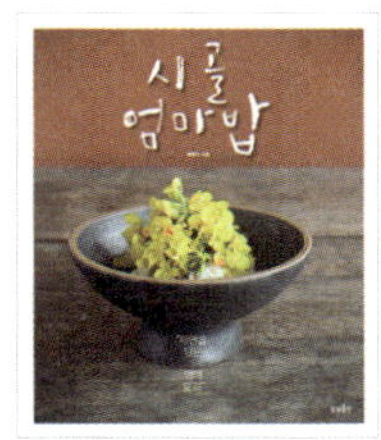

시골 엄마밥 배명자 지음

자연을 담은 엄마 요리,
먹으면 힘이 나는 울 엄마밥

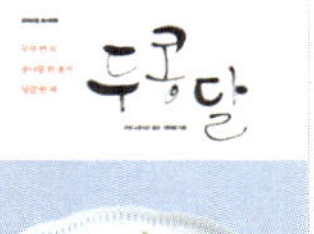

Vol. 1 두부 한 모, 콩나물 한 봉지, 달걀 한 팩

두콩달 이미경 지음

착한 식재료 두부와 콩나물,
달걀로 차린 140가지의 건강 요리

퇴근 후에 후다닥 살 안 찌는 야식

국민 야참 이미경 지음

한밤의 심야식당, 먹고 나서
후회하지 않는 200가지 건강 야참

Vol. 2 원 버너 One Burner

캠핑 요리 이미경 지음

집 밖에서 작은 코펠과
미니 버너 하나로
집밥보다 맛있는 밥 해 먹기

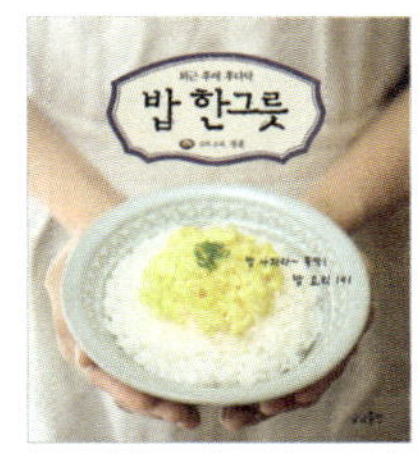

퇴근 후 후다닥

밥 한그릇 정훈 지음

밥 나와라~ 뚝딱!
한국인이 좋아하는 세상 모든 밥 요리
141

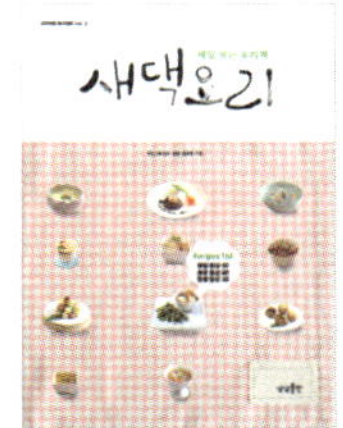

Vol. 3 매일 보는 요리책

새댁 요리 조소영 지음

요리를 막 시작하는
새댁과 싱글들이 매일 펼쳐보게 될
초보 요리 바이블

간단해, 근데 맛있어!

요즘 요리 문성실 지음

마법의 밥숟가락 계량법으로
집밥 먹고 살게 하는 성실 레시피

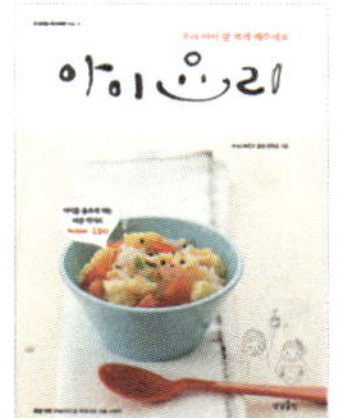

Vol. 4 우리 아이 잘 먹게 해주세요

아이 요리 이미경 지음

아이를 춤추게 할
우리 엄마의 홈메이드 요리

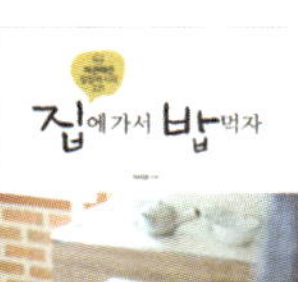

따끈따끈 집밥 레시피 221가지!

집에 가서 밥 먹자 이미경 지음

실용적이며 건강하고
빠른 집밥 차리기 노하우!

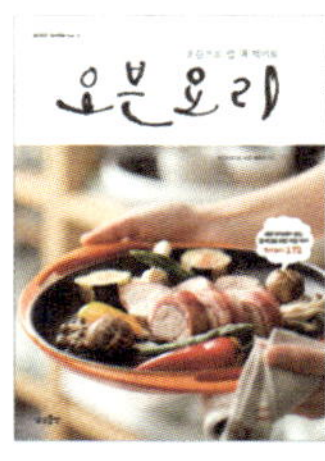

Vol. 5 오븐으로 밥 해 먹어요

오븐 요리 이미경 지음

재주 많은 오븐이 부린 마술!
한국인을 위한 오븐 요리 172!

Mommyhands Baking Class

[마미핸즈 베이킹 클래스]

우리밀과 유기농 재료로 만드는 발효빵과 과자.
베이킹을 쉽고 재미있게 배우고 싶다면
마미핸즈 베이킹클래스에 참여하세요.
발효빵, 쿠키, 파운드, 컵케이크, 무스케이크,
생크림 롤케이크, 브런치까지….
가족에게 건강하고 맛있는 간식을 만들어 주고 싶은 분,
정성스런 선물을 직접 만들고 싶은 분,
창업을 꿈꾸는 분.
체계적인 이론 수업과 실습, 다양하고 알찬 메뉴로 수업을 진행합니다.

http://blog.naver.com/kjyyhj
kjyyhj@naver.com